计算机应用基础
实训教程 第二版

洪小慧 主编

JISUANJI YINGYONG JICHU
SHIXUN JIAOCHENG

中山大学出版社
SUN YAT-SEN UNIVERSITY PRESS
·广州·

图书在版编目（CIP）数据

计算机应用基础实训教程/洪小慧主编 . —2 版 . —广州：中山大学出版社，2017.8

ISBN 978 - 7 - 306 - 06004 - 4

Ⅰ . ①计… Ⅱ . ①洪… Ⅲ . ①电子计算机—中等专业学校—教材 Ⅳ . ①TP3

中国版本图书馆 CIP 数据核字（2017）第 025704 号

出 版 人：徐　劲
策划编辑：曾育林
责任编辑：曾育林
封面设计：曾　斌
责任校对：马霄行
责任技编：何雅涛
出版发行：中山大学出版社
电　　话：编辑部 020 - 84110283，84110771，84111996，84113349
　　　　　发行部 020 - 84111998，84111981，84111160
地　　址：广州市新港西路 135 号
邮　　编：510275　　　　　传　真：020 - 84036565
网　　址：http://www.zsup.com.cn　　E-mail:zdcbs@mail.sysu.edu.cn
印 刷 者：佛山市浩文彩色印刷有限公司
规　　格：787mm×1092mm　　1/16　　14.25 印张　　350 千字
版次印次：2017 年 8 月第 2 版　　2017 年 8 月第 1 次印刷
定　　价：38.00 元

编　委　会

前　言

　　随着社会信息化的快速发展与数字技术的广泛应用，计算机在各个领域中发挥了重要作用，社会对于计算机人才的要求也在不断提高。计算机是中职学生就业必不可少的技能之一，计算机应用基础教学是学生中职学习生涯中的重要内容。近年来，学生的计算机知识和起点都在不断提升，改革计算机应用基础的教学内容，开发实训教材，对提升人才培养水平具有重要意义。本书以先进的项目化教材编写理论为指导，为中等职业学校"计算机应用基础"课程提供实训案例教材，在培养学生技术应用方面将起到重要作用。

　　本书以基础案例为引领、以任务为导向进行编写。包括 6 个章节，36 个案例，各案例由任务描述、练习要点、操作步骤组成。每个案例后均有数个实训任务作巩固提高。实训任务后加以自由园地，给予学生自由创作及发挥空间，层层深入地为学生提供实训指导。

　　本书内容包括 Windows 7 操作系统、网络应用、Word 文字处理、Excel 电子表格、PPT 演示文稿及多媒体技术六个部分。通过对本书的学习，学生可熟练掌握 Windows 7 操作系统，懂得如何在 Windows 7 中设置网络，做出精美的 Word 图文混排，利用 Excel 电子表格统计管理数据，做出精品 PPT，实现 PPT 动画设计，利用多媒体软件实现图片、音频、视频的编辑。

　　由于编者水平有限，书中难免存在一些不足之处，恳请广大师生批评指正。

编　者

2017 年 8 月

目　录

第一章　Windows 7 操作系统

案例1　常用设置——Windows 7 操作系统

 任务描述

  Windows 7 是一款常用的操作系统，学习 Windows 7 中的各项功能，使入门者能够更加了解 Windows 7 操作系统。通过几个常用功能的学习，让使用者对 Windows 7 操作系统有更多体会，从而吸引使用者进一步学习。

 练习要点

- 自定义桌面背景
- 修改屏幕分辨率、刷新率
- 应用 Windows 7 主题
- 屏幕保护
- 管理桌面图标
- 任务栏调整
- 添加/删除输入法
- 调整日期和时间

 操作步骤

  1. 自定义桌面背景：

  （1）桌面空白处单击鼠标右键，选择"个性化"，如图 1-1-1 所示。

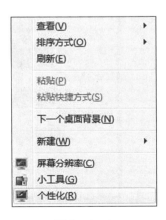

图 1-1-1

1

（2）在弹出窗口下方，选择"桌面背景"，如图1-1-2所示。

图1-1-2

（3）下一级窗口中，在"图片位置（L）"后面选择"浏览"按钮，如图1-1-3所示。

图1-1-3

（4）选择背景图片所在位置，如图 1 – 1 – 4 所示。

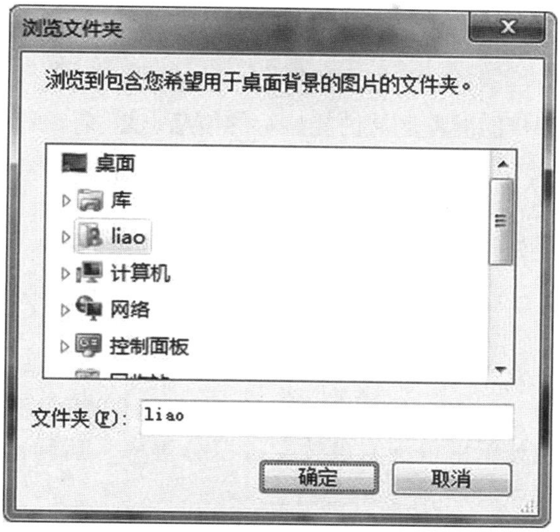

图 1 – 1 – 4

（5）如图 1 – 1 – 5 所示，显示出该文件夹下的图片后，选择相应的图片。

图 1 – 1 – 5

　　提示：若有多张背景图可选择时，参照图 1 – 1 – 1，单击"下一个桌面背景"即可。

（6）修改背景的"图片位置（P）"和"更改图片时间间隔"等显示选择项后，单击"保存修改"，如图 1 - 1 - 5 所示。

2．修改屏幕分辨率：

什么是分辨率？分辨率是指显示器所能显示的像素的多少。显示器可显示的像素越多，画面就越精细，同样的屏幕区域内能显示的信息也越多，所以分辨率是显示器非常重要的性能指标之一。可以把整个图像想象成一个大型的棋盘，而分辨率的表示方式就是所有经线和纬线交叉点的数目。

宽屏显示器的一般分辨率：

19 寸	1 440 ×900
20 寸	1 600 ×900
21.5 寸	1 920 ×1 080
22 寸	1 680 ×1 050

操作：在桌面空白处单击鼠标右键选"屏幕分辨率"后弹出窗口，如图 1 - 1 - 6 所示，调整最佳显示尺寸。

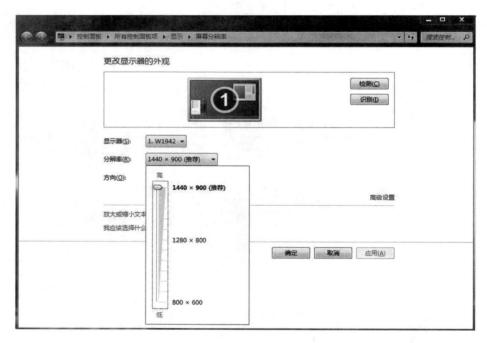

图 1 - 1 - 6

3．修改屏幕刷新率：

什么是刷新率？刷新率是指电子束对屏幕上的图像重复扫描的次数。刷新率越高，所显示的图像（画面）稳定性越好。刷新率高低直接决定其价格，但是由于刷新率与分辨率两者相互制约，因此只有在高分辨率下达到高刷新率的显示器才能称其为性能优秀。

使用液晶显示器最好不要把刷新率设定高于 60 Hz 的频率上，因为这样会使液晶显示器老化得很快！因为液晶显示器本身是不闪烁的。即使将频率设定在 60 Hz 也不会感到显示器在闪。

操作：如图 1 - 1 - 6 所示，单击"高级设置"，在"监视器"下就可以调整刷新率，如图 1 - 1 - 7 所示。

4. 应用 Windows 7 主题：

什么是 Windows 7 系统主题？Windows 7 主题指的是 Windows 系统的界面风格，包括窗口的色彩、控件的布局、图标样式等内容，通过改变这些视觉内容以达到美化系统界面的目的。

图 1 - 1 - 7

操作：桌面空白处单击鼠标右键，选择"个性化"，如图 1 - 1 - 2 所示，选择需要的主题内容。

提示：也可以下载其他的主题安装到系统中，实现其他的主题应用。

5. 屏幕保护：

（1）桌面空白处单击鼠标右键，选择"个性化"，如图 1 - 1 - 2 所示。

（2）单击"屏幕保护程序"，弹出对话框，如图 1 - 1 - 8 所示。

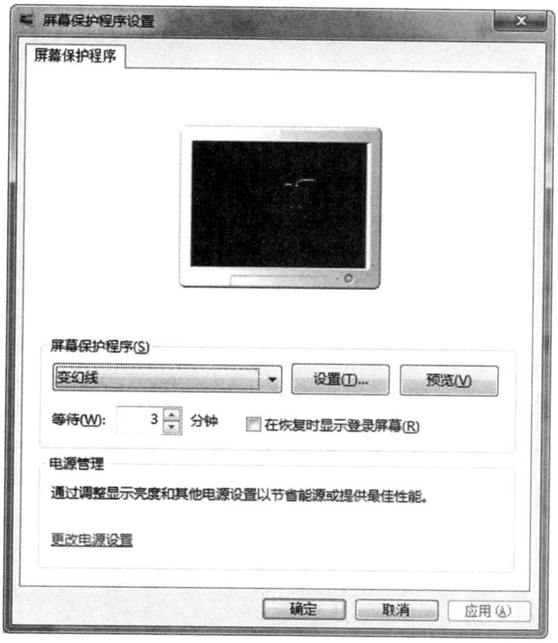

图 1 - 1 - 8

6. 管理桌面图标：

（1）显示/隐藏图标。桌面空白处单击鼠标右键，选择"查看"，弹出下一级菜单选择"显示桌面图标"，如图 1 – 1 – 9 所示。

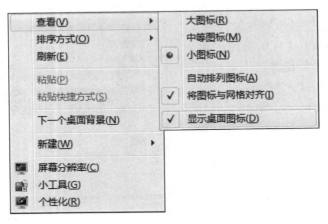

图 1 – 1 – 9

（2）更改图标大小。桌面空白处单击鼠标右键，选择"查看"，弹出下一级菜单，选择需要的图标大小，如图 1 – 1 – 9 所示。

提示：图标大小分为小图标、中等图标、大图标，可根据不同的需求选择相应的设置。

（3）修改图标排列。桌面空白处单击鼠标右键，选择"查看"，弹出下一级菜单，选择"自动排列图标"；然后，在桌面空白处单击鼠标右键，选择"排序方式"，弹出下一级菜单，选择排序类别，如图 1 – 1 – 10 所示。

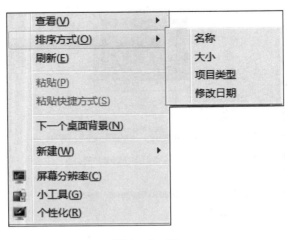

图 1 – 1 – 10

注意事项：可按住鼠标左键拖动桌面任意图标到相应位置。

7. 任务栏调整：

（1）任务栏单击右键，选择"属性"，调整任务栏的属性，如图 1 – 1 – 11 所示。

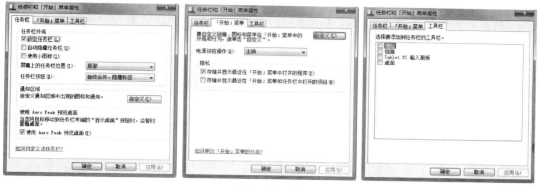

图 1 – 1 – 11

（2）调整任务栏窗口。

显示桌面：任务栏最右端（日期时间旁边），鼠标停留即可暂时显示桌面；单击左键即可最小化所有窗口，显示桌面。

提示：快捷键可用"Win 键 + D"。

重排窗口：任务栏空白处单击右键，弹出菜单，可选择"层叠窗口""堆叠显示窗口""并排显示窗口"等来排列当前打开的窗口，如图 1 – 1 – 12 所示。

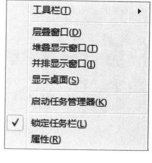

图 1 – 1 – 12

8. 添加/删除输入法：

在任务栏输入法图标 地方，单击鼠标右键，弹出菜单选"设置"后，弹出对话框，如图 1 – 1 – 13 所示。

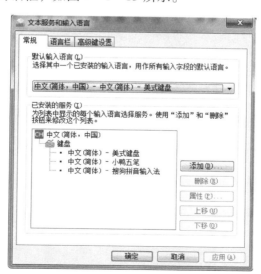

图 1 – 1 – 13

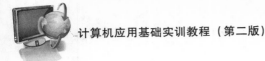

计算机应用基础实训教程（第二版）

添加：单击"添加"按钮即可在语言栏添加系统自带的输入法，包括不同国家/地区的输入方法。

删除：选择要删除的输入法后，点单击"删除"按钮即可。

调整：若需要调整输入法的显示顺序，先选择输入法，然后通过"上移""下移"按钮做出调整。

设置输入法快捷键：对输入法可以设置调用快捷键，如图 1－1－14 所示。

提示：若任务栏没出现输入法图标，可通过以下步骤恢复输入法图标。

（1）打开控制面板。

（2）选择区域和语言。

（3）选择键盘和语言→更改键盘。

（4）在"语言栏"栏中重新设置显示选项，如图 1－1－15 所示。

图 1－1－14

图 1－1－15

9. 调整日期和时间：

任务栏上"时间"显示位置单击左键，单击"更改日期和时间设置"，弹出窗口后单击"更改日期和时间"，在弹出窗口中更改日期和时间，并单击"确定"，如图 1－1－16 所示。

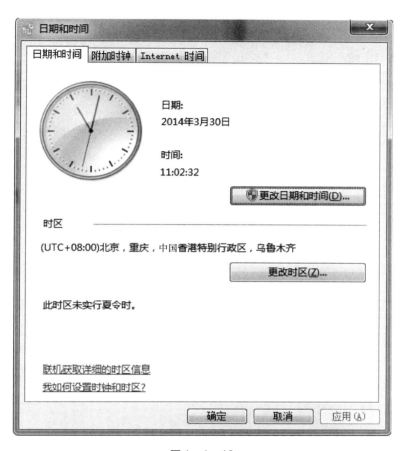

图 1 – 1 – 16

 项目训练

按要求完成如下操作并截图保存：

（1）将给定的图片设置为桌面背景。

（2）设置屏幕保护程序为"气泡"，等待时间为 5 分钟。

（3）将 Windows 7 系统主题设置为"中国"。

（4）将屏幕分辨率设置为 1 920 × 1 080，刷新率设置为 60 Hz。

（5）将桌面图标设置为"中等图标"显示，排序方式为"名称"。

（6）任务栏和【开始】菜单属性设置，将任务栏在屏幕上的位置调整为"顶部"，任务栏按钮设置为"当任务栏被占满时合并"；【开始】菜单中电源按钮操作设置为"注销"。

（7）添加"百度输入法"，并删除掉"微软拼音输入法"。

（8）设置日期和时间为当前日期和时间。

自由园地

回答下列问题：
（1）要对系统进行节能方面的处理，该如何操作？
（2）如何为系统设置一个登录口令？
（3）有关鼠标的设置有哪些？
（4）后台运行程序在任务栏上图标如何隐藏显示？

案例2 文件的管理——文件系统

 任务描述

文件系统又被称作文件管理系统，是指操作系统中负责管理和存储文件信息的软件机构。它负责为用户建立文件，存入、读出、修改、转储文件，控制文件的存取，当用户不再使用时撤销文件等。资源管理器就是 Windows 提供给用户完成文件管理功能的工具，学习使用资源管理器是 Windows 系统中必不可少的内容。

 练习要点

- 文件属性
- 显示/隐藏文件
- 复制/移动/删除文件
- 文件重命名
- 查找文件

 操作步骤

（1）文件属性：
Windows 系统中文件属性：
只读文件属性——R。
存档文件属性——A。
隐藏文件属性——H。
系统文件属性——S（不能用资源管理器直接操作）。
提示：
只读——表示该文件不能被修改。

隐藏——表示该文件在系统中是隐藏的，在默认情况下用户不能看见这些文件。

系统——表示该文件是操作系统的一部分。

存档——表示该文件在上次备份前已经修改过了，一些备份软件在备份系统后会把这些文件默认地设为存档属性。

存档属性在一般文件管理中意义不大，但是对于频繁的文件批量管理很有帮助。

操作：选择文件，单击鼠标右键，选择"属性"，即可对文件属性进行设置，如图 1 – 2 – 1 所示。

提示：若对文件的"系统"属性操作，可以在"命令提示符"窗口下，用命令行 attrib 对文件属性进行操作。

（2）显示/隐藏文件。在资源管理器可设置是否"显示隐藏属性文件"，以及是否"显示文件类型的扩展名"。

操作：在资源管理器窗口下，点击"组织"后，选择"文件夹和搜索选项"，如图 1 – 2 – 2 和图 1 – 2 – 3 所示。

图 1 – 2 – 1

图 1 – 2 – 2

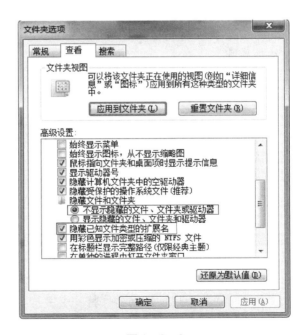

图 1 – 2 – 3

＊不显示隐藏的文件、文件夹或驱动器。

＊隐藏已知文件类型的扩展名。

（3）复制文件。

菜单法：①选择文件；②单击右键选"复制"；③到目标文件夹窗口单击右键选"粘贴"。

鼠标拖动法：①打开文件所在文件夹窗口；②打开目标文件夹窗口；③按住"Ctrl"键，用鼠标将文件从源位置拖动到目标位置，先松开鼠标键，后松开"Ctrl"键。

快捷键法：①打开文件所在文件夹窗口；②选择文件，按下"复制"快捷键"Ctrl + C"；③到目标文件夹窗口，按下"粘贴"快捷键"Ctrl + V"。

（4）移动。

菜单法：①选择文件；②单击鼠标右键选"剪切"；③到目标文件夹窗口单击右键选"粘贴"。

鼠标拖动法：①打开文件所在文件夹窗口；②打开目标文件夹窗口；③按住"Shift"键，用鼠标将文件从源位置拖动目标位置，先松开鼠标键，后松开"Shift"键。

快捷键法：①打开文件所在文件夹窗口；②选择文件，按下"剪切"快捷键"Ctrl + X"；③打开目标文件夹窗口，按下"粘贴"快捷键"Ctrl + V"。

（5）删除。

菜单法：①选择文件；②单击鼠标右键选"删除"。

鼠标拖动法：①选择文件；②用鼠标将文件拖动到"回收站"。

快捷键法：①选择文件；②按下键盘"Delete"键。

提示：若删除文件同时按下"Shift + Delete"键，将永久删除该文件，文件不能从"回收站"找回。

（6）重命名。

菜单法：①选择文件；②单击鼠标右键选"重命名"；③输入文件名称后单击"Enter"键。

鼠标法：①选择文件；②用鼠标左键单击文件，等待1秒后，再用鼠标左键单击文件即可重命名文件。

快捷键法：①选择文件；②按下键盘 F2 键。

提示：菜单法、快捷键法可同时选择多个文件进行统一格式命名。

（7）查找文件。

通配符是一类键盘字符，有星号（＊）和问号（?）。

当查找文件夹时，可以使用通配符代替一个或多个真正字符。

a. 星号（＊）：可以使用星号代替0个或多个字符。

b. 问号（?）：可以使用问号代替一个字符。

操作：在资源管理器窗口的"搜索"栏输入查找的内容，可以查找出当前文件夹下符合要求的文件和文件夹，效果如图1－2－4所示。

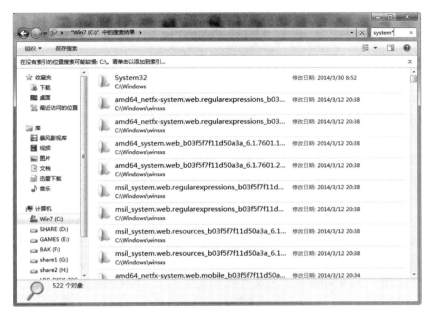

图 1 - 2 - 4

 项 目 训 练

项目 1

按要求在各文件夹下完成以下操作：

练习盘 1：

（1）将考生文件夹下 SEED 文件夹的隐藏属性撤销。

（2）将考生文件夹下 CHALEE 文件夹移动到考生文件夹下 BROWN 文件夹中，并改名为 TOMIC。

（3）将考生文件夹下 FXP \ VUE 文件夹中的文件 JOIN. CDX 移动到考生文件夹下 AUTUMN 文件夹中，并改名为 ENJOY. BPX。

（4）将考生文件夹下 GATS \ IOS 文件夹中的文件 JEEN. BAK 删除。

（5）在考生文件夹下建立一个名为 RUMPE 的新文件夹。

练习盘 2：

（1）将考试文件夹下 LOBA 文件夹中的 TUXING 文件夹删除。

（2）将考试文件夹下 ABS 文件夹中的 LOCK. FOR 文件复制到同一文件夹中，文件命名为 FUZHI. FOR。

（3）为考试文件夹下 WALL 文件夹中的 PBOB. TXT 文件建立名为 KPBOB 的快捷方式，并存放在考试文件夹下。

（4）在考试文件夹下 XILIE 文件夹中创建名为 BTNBQ 的文件夹。

13

（5）搜索考试文件夹下的 DUNGBEI. DOC 文件，然后将其删除。

练习盘3：

（1）将文件夹下 PENCIL 文件夹中的 PEN 文件夹移动到文件夹下 BAG 文件夹中，并改名为 PENCIL。

（2）在文件夹下创建文件夹 GUN，并设置属性为隐藏。

（3）将文件夹下 ANSWER 文件夹中的 BASKET. ANS 文件复制到文件夹下 WHAT 文件夹中。

（4）将文件夹下 PLAY 文件夹中的 WATER. PLY 文件删除。

（5）在文件夹中为 WEEKDAY 文件夹的 HARD. EXE 文件建立名为 HARD 的快捷方式。

练习盘4：

（1）将文件夹下 INTERDEV 文件夹中的文件 JIMING. MAP 删除。

（2）在文件夹下 JOSEF 文件夹中建立一个名为 MYPROG 的新文件夹。

（3）将文件夹下 WARM \ QUS 文件夹中的文件 ZOOM. PRG 复制到文件夹下 BUMP 文件夹中。

（4）将文件夹下 SEED 文件夹中的文件 CHIRIST. AVE 设置为隐藏属性。

（5）将文件夹下 KENT 文件夹中的文件 MONITOR. FRX 移动到文件夹下 KUNTER 文件夹中，并改名为 CONSOLE. CDX。

项目 2

按要求在各文件夹下完成以下操作：

练习盘1：

（1）将 TXT. aaa 移动到 GUX 文件夹中并改名为 put. txt 的文件，并设置属性为隐藏。

（2）将文件夹下 ZOOI \ FEW 文件夹中的 RADS. xls 文件复制到文件夹下 GONE 文件夹中。

（3）将文件夹下及子文件夹下所有扩展名为 . BBB 的文件改扩展名为 . TXT。

（4）将文件夹下 ZAOM 文件夹中的 COW. MP3 的隐藏属性去掉，添加只读属性。

（5）将文件夹下 PROGRAM 文件夹设置为隐藏属性。

练习盘2：

（1）在考试文件夹的下 ST1 文件夹下建立 ST12、ST13 两个文件夹。

（2）将考试文件夹下 ST2 文件夹及其下的所有扩展名为 . BBB 的文件移到下 ST2 文件夹的 ST22 子文件夹中，并改为以 . AAA 作扩展名。

（3）删除考试文件夹下 ST1 下文件名以字母 P 开头的所有文件。

（4）将考试文件夹的 ST4 子文件夹中的 KGB. BMP 文件属性设为只读属性。

（5）将考试文件夹下 ST3 \ ST32 文件夹中的文件 DL. XCV 移动到下 ST3 文件夹中，文件名改名为 TY. WER。

练习盘 3：

（1）将考试文件夹下 KG2 目录下的所有扩展名为 . www 的文件移到 KG4 目录下的 KG42 目录中，并改为以 . PPP 作扩展名。

（2）将考试文件夹 KG1 目录下的 KGA. TXT 文件属性设为只读属性。

（3）在考试文件夹的下 KG1 目录下建立 KG12、KG13 两个文件夹。

（4）将考试文件夹下 KG3 \ KG32 目录中的文件 HA. DEF 复制到 KG3 下 KG33 目录中，文件名改名为 YER. OPQ。

（5）删除考试文件夹下 KG1 子文件中文件名以字母 E 开头的所有文件。

 自由园地

回答下列问题：

（1）文件名由哪些部分组成？文件名的长度是多少？

（2）常见的文件类型有哪些（试列出 10 种类型）？

（3）用鼠标将文件从一个窗口拖到另一窗口实现文件复制，应该按什么键？实现移动文件应该按什么键？

（4）列出以下操作的快捷键：

复制_____

剪切_____

粘贴_____

重命名_____

删除_____

撤销操作_____

恢复操作_____

打开资源管理器_____

查找索引文件_____

显示桌面_____

（5）在查找文件时，以下文件的该如何表达：

类型为 . MP3 的文件_____

类型为 . RMVB 的文件_____

第 2 个字母为 B 的文件_____

文件名中包含有字母 OR 的文件_____

第 3 个字母为 O、第 6 个字母为 A 的文件_____

案例 3　Windows 7 系统的设备配置

 任务描述

　　Windows 7 系统提供了一些硬件管理工具，这些工具能帮助我们更清楚地掌握 Windows 当前硬件的运行状况。学习 Windows 硬件管理工具的使用，能更有效地管理 Windows 系统运行，还能更灵活地管理外部设备，如键盘、鼠标、打印机、扫描仪、数码设备等。

 练习要点

- 查看硬件设备
- 打印机管理
- 声卡设置
- 显示卡设置
- 硬件工具

 操作步骤

　　1. 查看硬件设备：

　　（1）设备管理器：选择桌面"计算机"图标，单击鼠标右键，选择"属性"后，选择"设备管理器"，运行设备管理器后，可以查看当前计算机的所有硬件设备状态，如图 1-3-1 和图 1-3-2 所示。

图 1-3-1

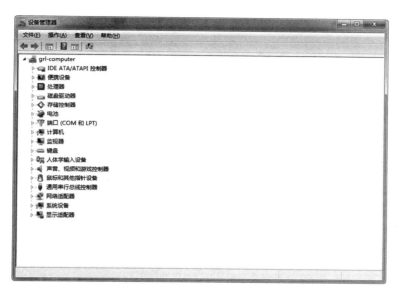

图 1 - 3 - 2

提示：停用、启用、删除某个硬件都可以在这里操作。

（2）系统信息："系统信息"工具收集系统信息，并提供用于显示关联系统主题的菜单。您可使用该工具来诊断计算机问题。例如，如果您遇到显示问题，则可使用该工具来确定计算机上安装的显示卡并查看它的驱动程序的状况。

运行：开始→所有程序→附件→系统工具→系统信息。

查看：如图 1 - 3 - 3 所示。

项目	值
OS 名称	Microsoft Windows 7 专业版
版本	6.1.7601 Service Pack 1 内部版本 7601
其他 OS 描述	不可用
OS 制造商	Microsoft Corporation
系统名称	GRL-COMPUTER
系统制造商	Gigabyte Technology Co., Ltd.
系统模式	B85M-HD3
系统类型	x64-based PC
处理器	Intel(R) Core(TM) i7-4770 CPU @ 3.40GHz，3401 Mhz，4 个内核，8
BIOS 版本/日期	American Megatrends Inc. F5, 2013/8/3
SMBIOS 版本	2.7
Windows 目录	C:\Windows
系统目录	C:\Windows\system32
启动设备	\Device\HarddiskVolume3
区域设置	中华人民共和国
硬件抽象层	版本 = "6.1.7601.17514"
用户名称	GRL-COMPUTER\liao
时区	中国标准时间
已安装的物理内存(RAM)	16.0 GB
总的物理内存	15.7 GB

图 1 - 3 - 3

2. 打印机管理：

（1）查看已安装打印机：点击"开始"按钮，选"设备和打印机"，如图1－3－4所示。

图1－3－4

（2）添加本地打印机：①用数据线将打印机连接至计算机主机上；②打开打印机电源；③系统提示安装打印机驱动程序，存在以下情况：

系统识别：自动完成打印机型号驱动识别和安装。

系统不能识别：用光盘或者上网下载打印机驱动安装文件并运行，根据提示完成安装。

（3）添加网络打印机：

a. 如图1－3－4所示，点击"添加打印机"，打开界面如图1－3－5所示。

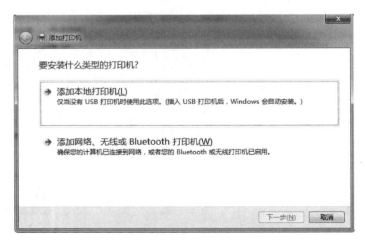

图1－3－5

b. 选择"添加网络、无线或 Bluetooth 打印机"，如图 1 - 3 - 6 所示。

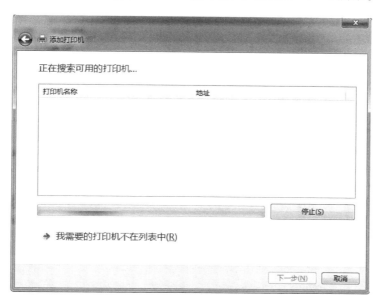

图 1 - 3 - 6

c. 搜索出当前局域网内其他计算机共享出来的打印机列表，选择需要的打印机安装即可。

（4）为打印机添加非标准格式的纸张：

a. 选择任意一款已经安装至系统的打印机，单击"打印服务器属性"，如图 1 - 3 - 7 所示。

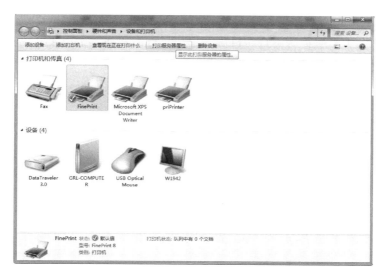

图 1 - 3 - 7

b. 在"表单"中勾选"创建新表单"，在"表单名称"输入名称，"纸张大小"输入尺寸后，选择"保存表单"即可，如图1-3-8所示。

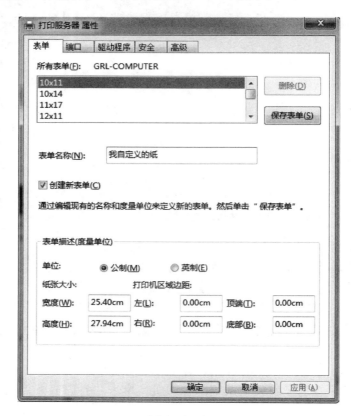

图1-3-8

c. 选择如图1-3-7所示打印机后，单击鼠标右键选"打印首选项"后，在有关打印机纸张的相应项目上就可以找到刚刚添加的自定义纸张尺寸。

提示：添加自定义纸张尺寸只有在符合打印机最大打印机尺寸时才能显示。

3. 声卡声音设置：

a. 控制音量：单击任务栏的 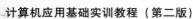 图标后，出现如图1-3-9所示界面，点击"合成器"打开更详细的音量控制选项，如图1-3-10所示。

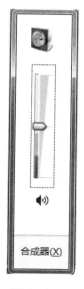

图 1 - 3 - 9

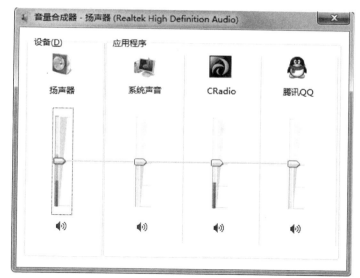

图 1 - 3 - 10

　　b. 系统声音方案：在"控制面板"中打开"声音"，弹出对话框，如图 1 - 3 - 11 所示。设置系统各样操作的配音方案，可以根据自己的情况需要选择合适的声音方案。

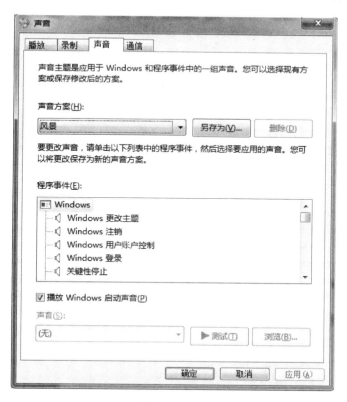

图 1 - 3 - 11

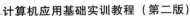

c. 查看声卡接口状态：选择如图 1 – 3 – 11 所示对话框中"播放""录制"两项，显示当前声卡接口连接状态，可在播放选项中对某个接口进行控制，如图 1 – 3 – 12 所示。

图 1 – 3 – 12

4. 显示卡设置：

启用显示设置：在"控制面板"中选择"显示"，如图 1 – 3 – 13 所示。

提示：在对话框中可对显示的各项参数进行设置。

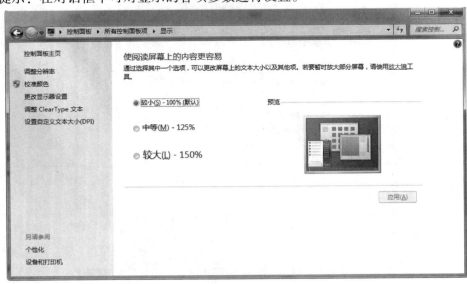

图 1 – 3 – 13

5．硬件工具应用：

（1）系统分级。系统分级是 Windows 7 系统中的电脑性能检测工具，测量计算机硬件和软件配置的功能，并将此测量结果表示为称作基础分数的一个数字，如图 1 – 3 – 14 所示。

方式 1：Windows 7 系统打开"计算机"的属性，即可查看及更新你的系统分数。

方式 2：打开控制面板的系统和维护，选择"性能和信息工具"即可。

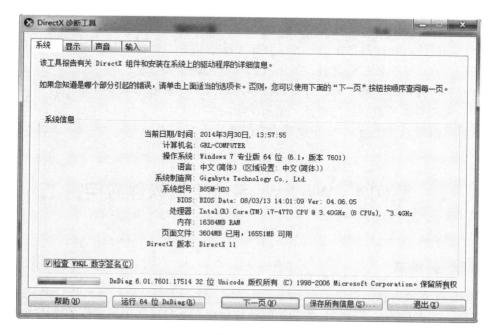

图 1 – 3 – 14

（2）DirectX 诊断工具。DirectX 诊断工具是报告有关 DirectX 组件和安装在系统上的驱动程序的详细信息。使用该工具，可以测试功能，诊断问题并更改系统配置，使其达到最佳运行状态。

运行：在"运行"对话框输入"dxdiag"（不含引号）运行即可，如图 1 – 3 – 15 所示。

图 1 – 3 – 15

项目训练

按要求完成如下操作：

（1）添加本地打印机。打开控制面板，双击打开“打印机和传真”，双击“添加打印机”，点击“下一步”，选择“连接到此计算机的本地打印机”，点击“下一步”，如搜索到打印机设备，选择该设备点击“下一步”，没有找到直接点击“下一步”，选择打印机端口点击“下一步”，选择打印机软件点击“下一步”，输入打印机名及是否设置为默认打印机设备点击“下一步”，选择是否共享点击“下一步”，输入“位置和注释”点击“下一步”，设置是否打印测试页点击“下一步”，点击“完成”。

（2）设置打印机使用权限。右键单击要设置的打印机选择“共享”，选择“安全”选项卡，选择要设置的组或用户，在下面设置相应的权限。

（3）设置打印优先级。添加多台打印机，右键单击打印机选择“属性”，在“高级”选项卡中设置优先级，数字越高级别也就越高。

（4）为什么要设置打印机池？如何设置？在打印任务重的情况，一台打印机来不及打印，需要多台打印机辅助打印的情况下就需要设置打印机池，右键单击要设置打印机池的打印机选择“属性”，在端口选项卡中在最下面选中“启用打印机池”，在端口选择框中选中已经连接打印机的端口。

自由园地

回答下列问题：

（1）当前计算机硬件情况怎样？试列出 CPU、内存、硬盘、显示卡等信息。

（2）查看计算机硬件信息时，显示有感叹号代表什么意思？

（3）如何为系统中的所有已经安装打印机添加一种自定义纸张格式？

（4）系统等级分数高低是由什么值所决定的？

（5）桌面显示无法启动 Aero 效果的原因是什么？

案例 4　Windows 系统工具软件应用

任务描述

Windows 系统为我们提供了大量的工具软件，这些工具软件除了可以让我们更有效地管理 Windows 系统，还提供一些其他的便捷应用。学习这些工具软件的使用方法对于日常使用 Windows 系统有很多好处，也能够更有效地优化 Windows 系统运行环境。

练习要点

- 系统实用配置程序
- UAC 设置
- 碎片整理程序
- 磁盘清理
- 任务计划程序

操作步骤

1. 系统实用配置程序：

系统配置实用程序可以自动完成 Microsoft 产品支持服务支持人员在诊断系统配置问题时使用的一般疑难解答步骤。使用该实用程序修改系统配置时，可以选中复选框来排除与配置无关的问题。必须以管理员或管理员组的成员身份登录才能使用系统配置实用程序。

启用：在"运行对话框"输入"MSCONFIG"即可运行，如图 1 - 4 - 1 所示。

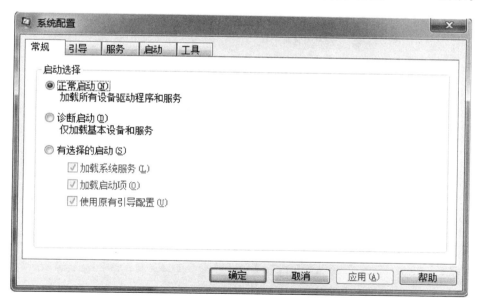

图 1 - 4 - 1

2. UAC 用户账户控制设置：

UAC（user account control，用户账户控制）是微软为提高系统安全而在 Windows Vista 开始引入的新技术，它要求用户在执行可能会影响计算机运行的操作或执行更改影响其他用户的设置的操作之前，提供权限或管理员和密码。通过在这些操作启动前对

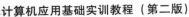

其进行验证，UAC 可以帮助防止恶意软件和间谍软件在未经许可的情况下在计算机上进行安装或对计算机进行更改。

程序需要您的许可才能继续，不属于 Windows 的一部分的程序需要您的许可才能启动，如图 1 - 4 - 2 所示。

图 1 - 4 - 2

启用：

方法 1：单击如图 1 - 4 - 1 所示界面中"工具"选项卡，选择"更改 UAC 设置"命令，点击"启动"即可生效，操作如图 1 - 4 - 3 所示。

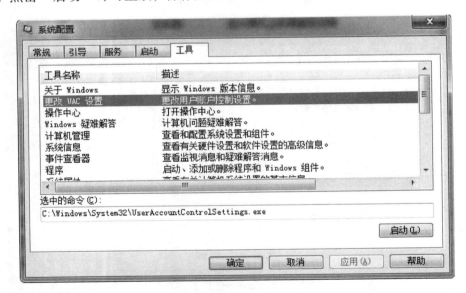

图 1 - 4 - 3

方法 2：点击"开始"按钮→控制面板→用户账户和家庭安全→用户账户，单击最后一项"更改用户账户控制设置"，如图 1 - 4 - 4 所示。

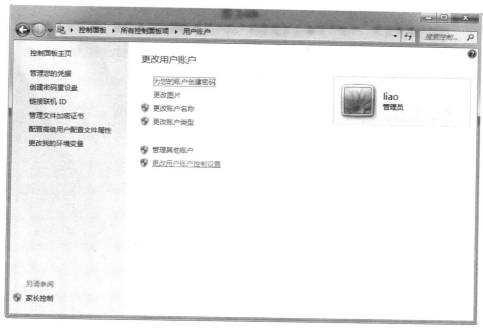

图 1 - 4 - 4

3．碎片整理程序：

（1）什么是磁盘碎片？磁盘碎片称为文件碎片，是因为文件被分散保存到整个磁盘的不同地方，而不连续地保存在磁盘连续的簇中形成的。

（2）磁盘碎片是怎么产生的？在文件操作过程中，Windows 系统可能会调用虚拟内存来同步管理程序，这样就会导致各个程序对硬盘频繁读写，从而产生磁盘碎片。

（3）该不该定期整理硬盘？定期整理硬盘应该是毫无疑问的。如果说硬盘碎片整理真的会损害硬盘，那也将是在对硬盘进行近乎天文数字般次数的整理之后。

硬盘使用的时间长了，文件的存放位置就会变得支离破碎——文件内容将会散布在硬盘的不同位置上。这些"碎片文件"的存在会降低硬盘的工作效率，还会增加数据丢失和数据损坏的可能性。

启用：点击"开始"按钮→所有程序→附件→系统工具→磁盘碎片整理程序，如图 1 - 4 - 5 所示。

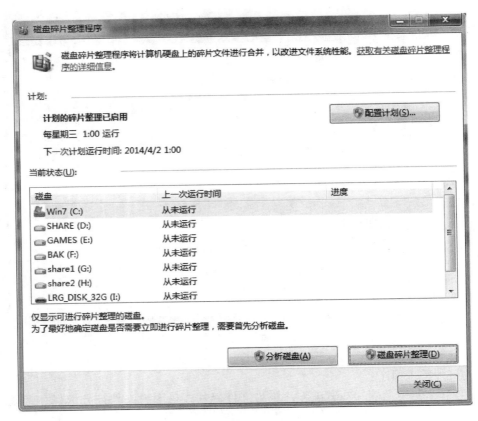

图 1 - 4 - 5

4. 磁盘清理：

磁盘清理程序帮助释放硬盘驱动器空间。磁盘清理程序搜索您的驱动器，然后列出临时文件、Internet 缓存文件和可以安全删除的不需要的程序文件。可以使用磁盘清理程序删除部分或全部这些文件。

启用：

方法 1：点击"开始"按钮→所有程序→附件→系统工具→磁盘清理，如图 1 - 4 - 6 所示。

图 1 - 4 - 6

方法 2：用鼠标右键选择要清理的盘符，然后选择"属性"→"磁盘清理"，如图 1-4-7、图 1-4-8、图 1-4-9 所示。

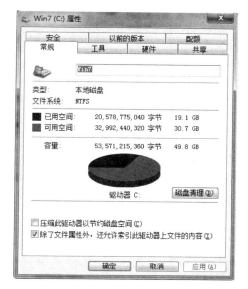

图 1-4-7

图 1-4-8

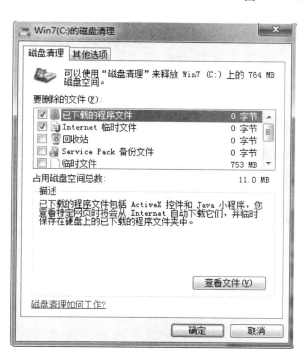

图 1-4-9

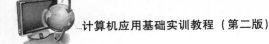

5. 任务计划程序：

利用"任务计划"，可以将任何脚本、程序或文档安排在某个最方便的时间运行。"任务计划"在每次启动 Windows 的时候启动并在后台运行。

启用：点击开始按钮→所有程序→附件→系统工具→任务计划程序。

步骤：①单击右侧的创建任务，如图 1 - 4 - 10 所示；②输入任务名称，点击下一步，如图 1 - 4 - 11 所示；③设置任务开始时间，如图 1 - 4 - 12 所示；④设置任务执行时间以及间隔，如图 1 - 4 - 13 至图 1 - 4 - 16 所示。

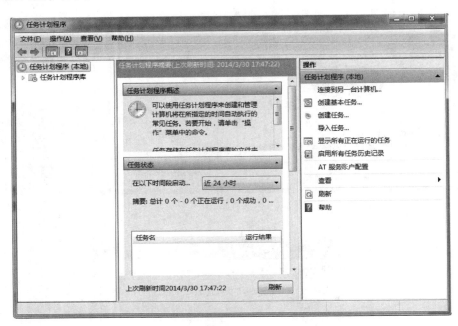

图 1 - 4 - 10

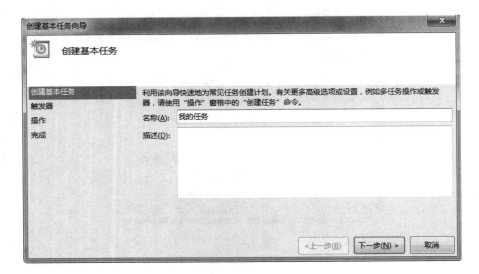

图 1 - 4 - 11

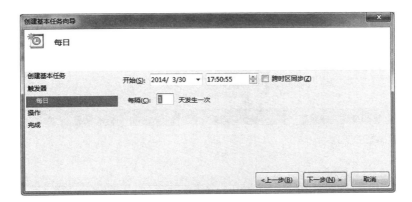

图 1－4－12

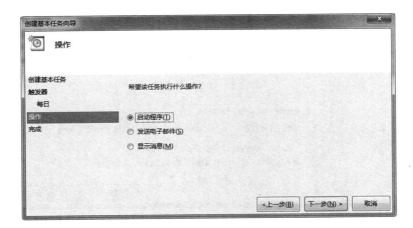

图 1－4－13

图 1－4－14

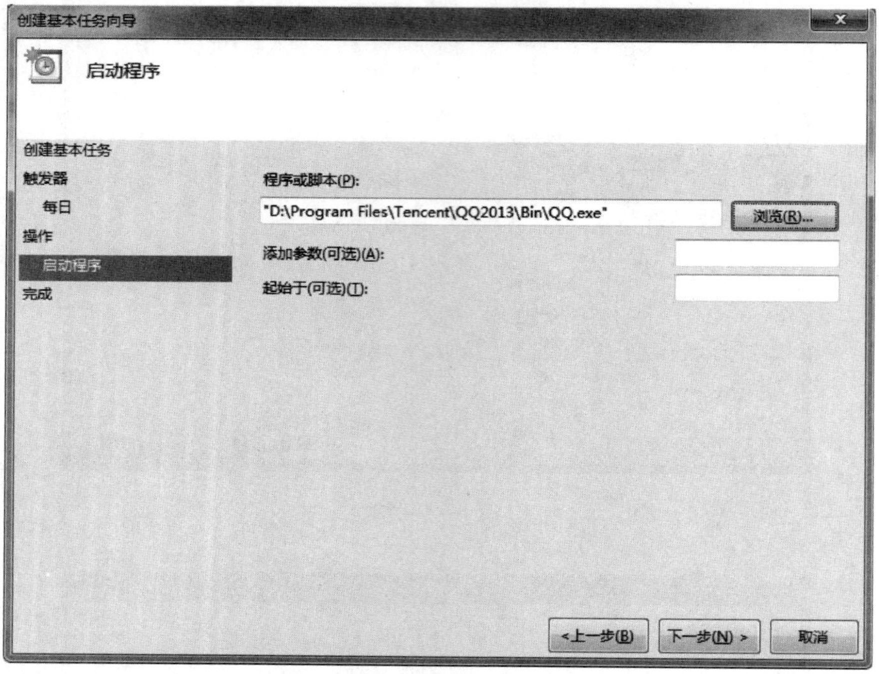

创建基本任务向导   ✕

🕐 启动程序

创建基本任务
触发器
　每日
操作
　启动程序
完成

程序或脚本(P):

"D:\Program Files\Tencent\QQ2013\Bin\QQ.exe"   浏览(R)...

添加参数(可选)(A):

起始于(可选)(T):

<上一步(B)　下一步(N) >　取消

图 1 - 4 - 15

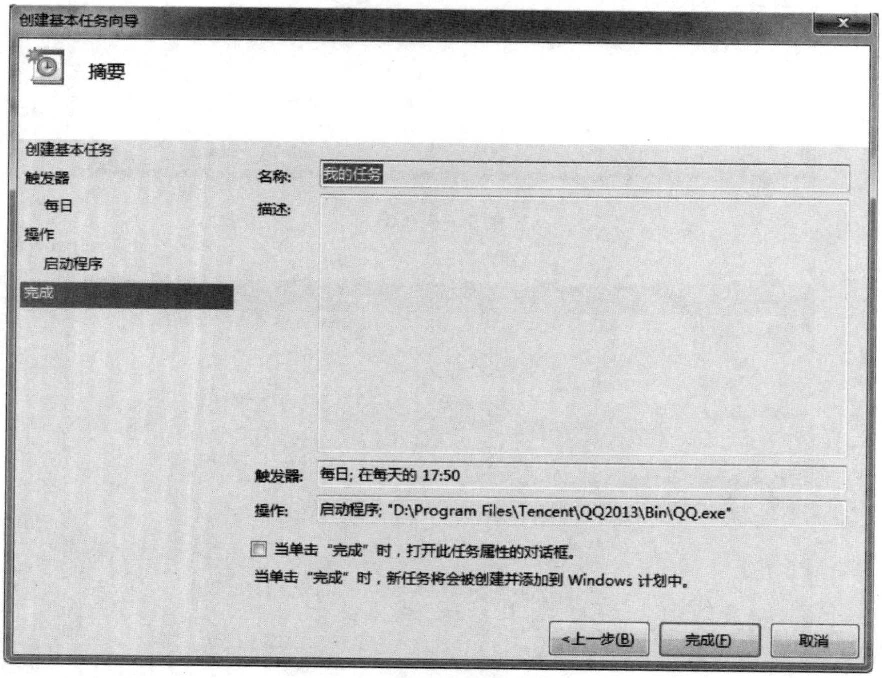

创建基本任务向导   ✕

🕐 摘要

创建基本任务
触发器
　每日
操作
　启动程序
完成

名称: 我的任务

描述:

触发器: 每日; 在每天的 17:50

操作: 启动程序; "D:\Program Files\Tencent\QQ2013\Bin\QQ.exe"

☐ 当单击"完成"时，打开此任务属性的对话框。

当单击"完成"时，新任务将会被创建并添加到 Windows 计划中。

<上一步(B)　完成(F)　取消

图 1 - 4 - 16

项 目 训 练

按要求完成如下操作：

（1）设置系统配置，加载所有设备驱动程序和服务为"正常启动"，服务项目"全部启动"，工具选项中，更改 UAC 设置为"启动"。

（2）打开磁盘碎片整理程序，分析磁盘 C，并进行磁盘碎片整理；将 C 磁盘中磁盘碎片整理程序计划配置为如图 1-4-17 所示效果。

（3）打开磁盘清理程序，对 C 盘中"已下载程序文件和 Internet 临时文件"进行清理。如图 1-4-9 所示。

图 1-4-17

 自 由 园 地

回答下列问题：

（1）Windows 系统还有哪些工具可以用？

（2）屏幕键盘有什么用途？

（3）试用一下 Windows 提供的截图工具。

（4）取消一些在 Windows 登录时会自动地运行程序（自己安装的）。

（5）专用字符编辑程序是做什么用的？

第二章 网络应用

案例1 局域网配置与管理

 任务描述

　　局域网（local area network，LAN）是指在某一区域内由多台计算机互联成的计算机组。局域网由网络硬件、网络传输介质和网络软件组成。局域网可以实现文件管理、应用软件共享、打印机共享、工作组内的日程安排、电子邮件和传真通信服务等功能。掌握局域网的应用能有效地提高我们的办公效率。

 练习要点

- 局域网配置
- 登录用户
- 安全策略
- 网络共享
- 远程控制

 操作步骤

　　1. 局域网配置：

　　（1）安装网卡。

　　PCI 网卡安装：关闭主机→打开机箱→装好网卡→关闭机箱→通电开机→安装网卡驱动程序（安装步骤参照参考打印机）。

　　USB 网卡安装：Windows 下→插入 USB 网卡→安装网卡驱动程序（安装步骤参照参考打印机）。

　　（2）配置网卡。

　　方法1：单击任务栏图标后，选择"打开网络和共享中心"，弹出新窗口，选择"更改适配器设置"，如图 2 - 1 - 1 所示。

　　方法2：桌面图标"网络"单击鼠标右键，选择"属性"，弹出新窗口，选择"更改适配器设置"，如图 2 - 1 - 1 所示。

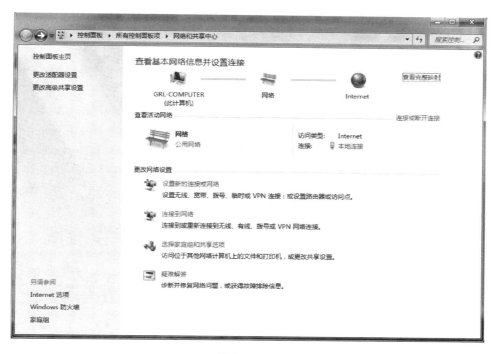

图 2 - 1 - 1

在图 2 - 1 - 2 中选择需要组建局域网的网卡上单击鼠标右键，选择"属性"，弹出对话框，选择"配置"，可对网卡进行设置，如图 2 - 1 - 3 所示。

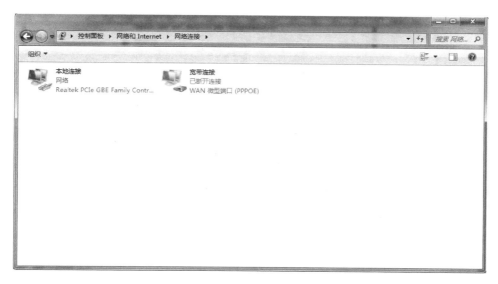

图 2 - 1 - 2

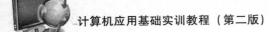

计算机应用基础实训教程（第二版）

在图 2－1－3 中，选中"Internet 协议版本 4（TCP/IPV4）"后，选择"属性"，可以配置接入局域网的相关信息，如图 2－1－4 所示。包括 IP 地址、子网掩码、默认网关、首选 DNS 服务、备用 DNS 服务器等。

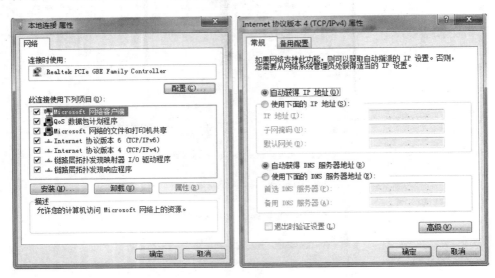

图 2－1－3　　　　　　　　　　图 2－1－4

（3）查看网络状态。

方法 1：查看网卡的 IP 地址。在图 2－1－2 中，单击鼠标右键选"状态"，如图 2－1－5 所示，弹出新对话框，单击"详细信息"，如图 2－1－6 所示。

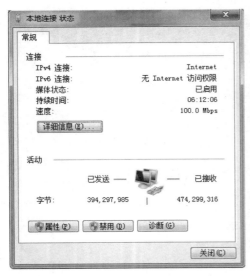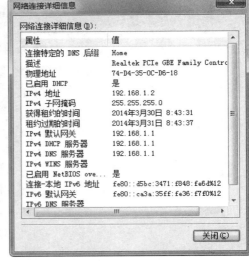

图 2－1－5　　　　　　　　　　图 2－1－6

方法 2：在"运行"对话框，打入"CMD"后，弹出命令行窗口，输入"IPCON-

FIG"，也可查看，如图 2 - 1 - 7 所示。

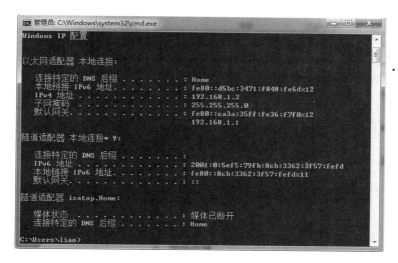

图 2 - 1 - 7

2．登录用户：

（1）查看登录用户。在任务栏中空白处右键（快捷键"Ctrl + Alt + Delete"），选择"启动任务管理器"，弹出 Windows "任务管理器"窗口，选择"用户"，可查看当前已经登录的用户（多用户登录时），其中"活动的"状态为正在使用的用户，如图 2 - 1 - 8 所示。

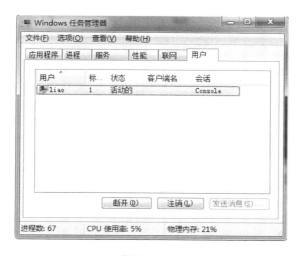

图 2 - 1 - 8

（2）管理用户。

方法 1：选择"控制面板"的"用户账户"后弹出窗口即可显示当前 Windows 的用户，如图 2 - 1 - 9 所示，可以对用户进行管理。

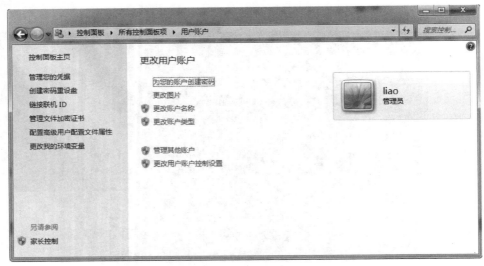

图 2 – 1 – 9

方法 2：桌面图标"计算机"单击鼠标右键选"管理"，弹出新窗口选择"本地用户和组"，然后选择"用户"，可列出当前 Windows 系统用户，如图 2 – 1 – 10 所示。

图 2 – 1 – 10

提示：方法 1 适用于初学用户，配置简单直观；方法 2 适于熟练操作用户，需要有一定的基础知识。

3. 安全策略：

局域网共享策略：如图 2 – 1 – 1 所示，选择"更改高级共享设置"后，可以配置局域网的访问策略，如图 2 – 1 – 11 所示。

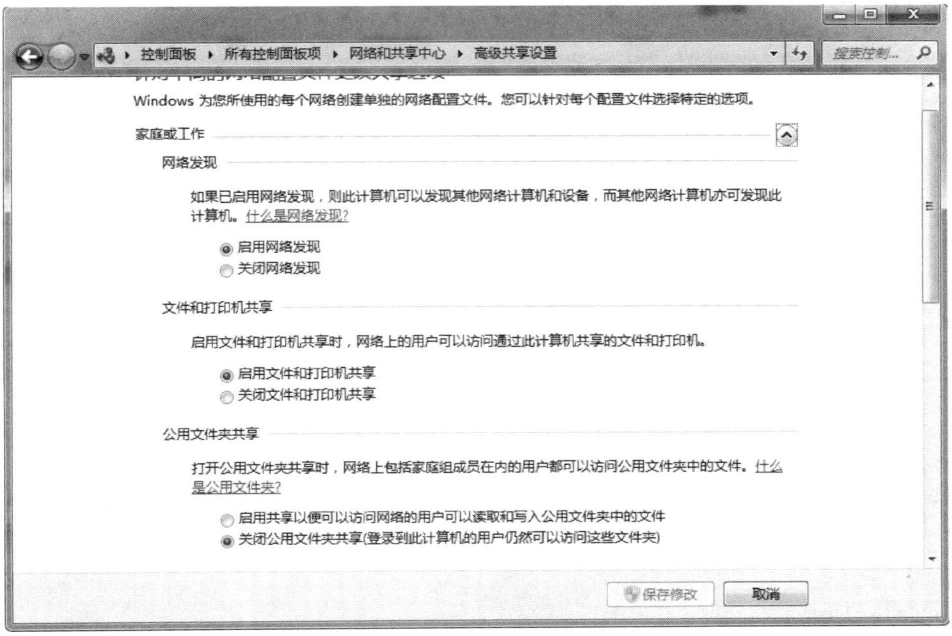

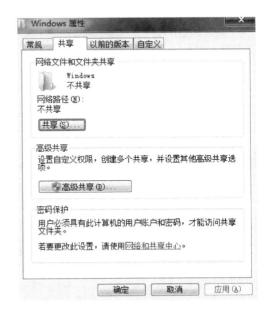

图 2 - 1 - 11

4．网络共享：

要让网络其他人能访问自己计算机的共享资源，需要在本机提供一个让局域网其他人可使用的用户，可根据情况创建不同权限用户。

文件共享：

Windows 不能对单个文件进行共享到网络，要实现共享到网络只能对其所在文件夹进行共享。

（1）选择要共享到网络的本地文件夹。

（2）单击鼠标右键选"属性"，弹出对话框，选"共享"，如图 2 - 1 - 12 所示。

（3）单击"高级共享"，配置共享名、权限，如图 2 - 1 - 13 和图 2 - 1 - 14 所示。

图 2 - 1 - 12

图 2 - 1 - 13

图 2 - 1 - 14

打印机共享：

（1）打开控制面板，点击"设备和打印机"。

（2）打开"设备和打印机"对话框，单击需要共享的打印机。

（3）单击鼠标右键选择"打印机属性"后，弹出对话框，如图 2 - 1 - 15 所示。

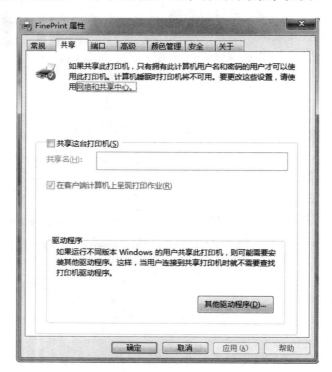

图 2 - 1 - 15

（4）勾选"共享这台打印机"，输入共享名并单击"确认"即可。

接入其他人共享：

（1）要知道接入计算机的 IP 地址或计算机名。

（2）打开资源管理，在地址栏输入"\\"＋IP 地址或计算机名称按回车键确认，如图 2－1－16 所示。

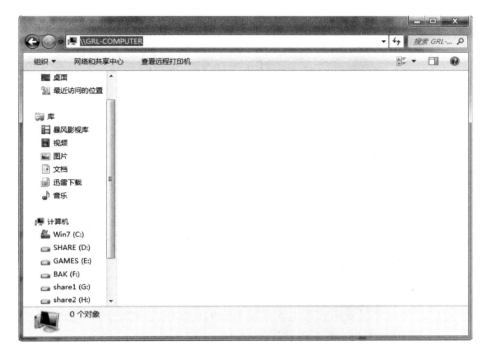

图 2－1－16

（3）输入登录用户名和密码，如图 2－1－17 所示。

图 2－1－17

（4）登录成功后，可使用其他计算机共享出来的资源，如图 2－1－18 所示。

图 2 - 1 - 18

5. 远程控制：

当某台计算机开启了远程桌面连接功能后，我们就可以在网络的另一端控制这台计算机了，通过远程桌面功能我们可以实时地操作这台计算机，在上面安装软件，运行程序，所有的一切都好像是直接在该计算机上操作一样。

若要允许其他计算机使用远程桌面连接到您的计算机，请执行下列步骤：

（1）在控制面板中，打开"系统"。

（2）在左窗格中，单击"远程设置"，如图 2 - 1 - 19 所示。

（3）勾选"允许远程协助连接这台计算机"。

图 2 - 1 - 19

说明：

☆选择"不允许连接到这台计算机"可以阻止任何人使用远程桌面连接到您的计算机。

☆选择"允许运行任意版本远程桌面的计算机连接"可以允许使用任意版本的远程桌面的人连接到您的计算机。如果您不知道其他人正在使用的远程桌面连接的版本，这是一个很好的选择，但是安全性较第三个选项低。

☆选择"只允许运行带网络级身份验证的远程桌面的计算机连接"可以允许使用运行带网络级身份验证的远程桌面连接到您的计算机。如果您知道将要连接到您计算机的人在其计算机上运行 Windows 7，这是最安全的选择。（在 Windows 7 中，远程桌面使用网络级身份验证）

若要使用远程桌面连接接入其他计算机，请执行下列步骤：

（1）"开始"→所有程序→附件→远程桌面连接或"运行"对话框，打入"mstsc"也可，如图 2 - 1 - 20 所示。

图 2 - 1 - 20

（2）输入登录计算机的名称或 IP 及密码，即可登录。

 项目训练

项目 1

按要求完成如下操作并截图保存：
（1）将系统已经安装的一款打印机共享至局域网。
（2）将连接在局域网上的另外一台计算机连接到共享的打印机上并打印。

项目 2

按要求完成如下操作并截图保存：①在当前计算机中添加一个新用户，用户名为：MYuser，组别为：Administrators；②为该用户账户设置密码。

项目 3

按要求完成如下操作并截图保存：

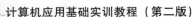

在 C 盘上新建文件夹"Share"，将文件夹共享为"我的共享"，限制只有 MYuser 可以访问。

 自由园地

按要求完成如下操作：

（1）查看当前计算机的 IP 地址。

（2）为当前计算机设置一个计算机组名称。

（3）设置局域访问当前计算机为"本地用户以自己身份验证"。

案例 2　Windows 7 互联网应用

 任务描述

互联网（Internetwork），又称国际网路，或音译因特网，是网络与网络之间所串连成的庞大网络，这些网络以一组通用的协议相连，形成逻辑上的单一巨大国际网络。学习使用互联网是现代办公室必不可少的一个环节，它是学习计算机基础的重要内容之一。

 练习要点

- 互联网接入
- Internet Explorer 浏览器配置
- 电子邮件
- 互联网应用

 操作步骤

1. 互联网接入。

局域网接入：指在局域网有提供连接互联网的服务器或网关，网内计算机通过连接服务器或网关接入互联网。通过配置"Internet 协议版本 4（TCP/IPV4）"实现。

ADSL 接入：

ADSL 是英文 asymmetrical digital subscriber loop（非对称数字用户环路）的英文缩写，ADSL 技术是利用现有的一对电话铜线，为用户提供上、下行非对称的传输速率（带宽）。非对称主要体现在上行速率（最高 640 Kbps）和下行速率（最高 8 Mbps）的非对称性上。

（1）打开"网络和共享中心"，如图 2 - 2 - 1 所示。

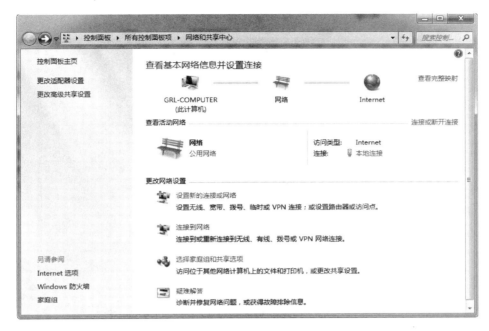

图 2 - 2 - 1

（2）单击"设置新的连接和网络"，如图 2 - 2 - 1 所示，单击"下一步"。

（3）单击"连接到 Internet"，如图 2 - 2 - 2 所示，单击"下一步"。

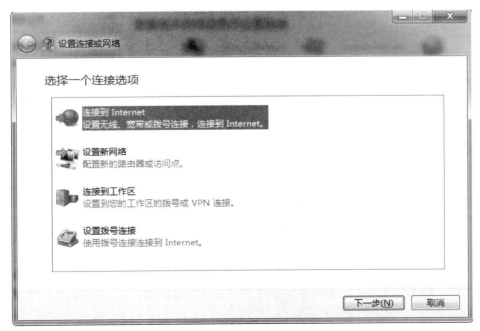

图 2 - 2 - 2

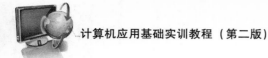

（4）如图 2 - 2 - 3 所示，选择"宽带（PPPoE）（R）"，输入接入用户名、密码和连接名称，如图 2 - 2 - 4 所示。

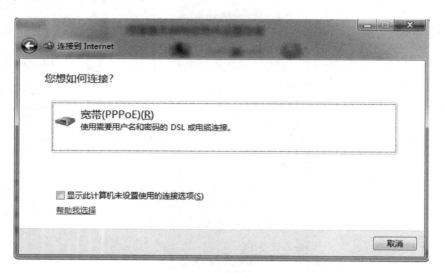

图 2 - 2 - 3

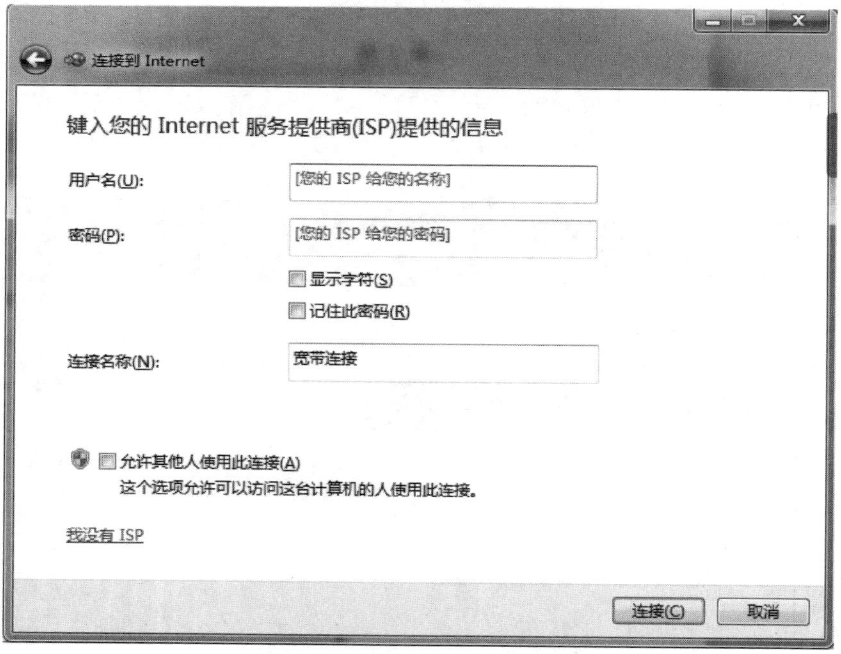

图 2 - 2 - 4

提示：用户名、密码由网络服务商提供，连接名称由用户自定义即可。

2．Internet Explorer 浏览器配置。

Internet Explorer 原称 Microsoft Internet Explorer（6 版本以前）和 Windows Internet

第二章 网络应用

Explorer（7、8、9、10 版本），简称 IE（以下如无特殊说明，所有涉及 Microsoft Internet Explorer 或 Windows Internet Explorer 的名称均用简称 IE 表示）。

配置：打开 IE 浏览器，菜单"工具"，选择"Internet 选项"，如图 2 - 2 - 5 所示。

例题：

题 1：修改 IE 浏览器的默认主页为：http：//www.zhyz.net.cn，如图 2 - 2 - 6 所示。

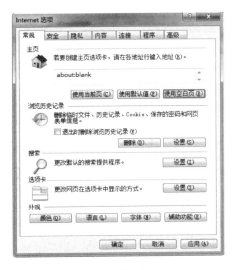

图 2 - 2 - 5

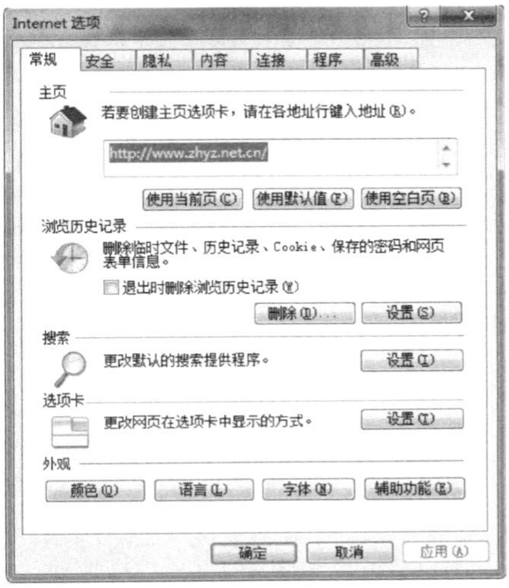

图 2 - 2 - 6

题 2：设置 IE 能自动完成保存网页的用户名和密码。

步骤：选择"内容"选项卡，选择"设置"，然后勾选相应选项即可，如图 2 - 2 - 7、图 2 - 2 - 8 所示。

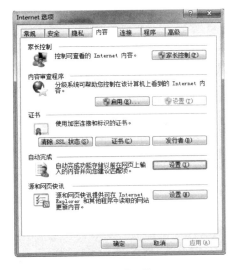

图 2 - 2 - 7

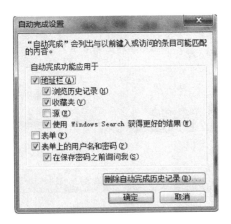

图 2 - 2 - 8

47

题 3：设置 IE 为默认浏览器，若不是默认时能提示。

步骤：选择"程序"选项卡，选择"设为默认值"，如图 2 - 2 - 9 所示。

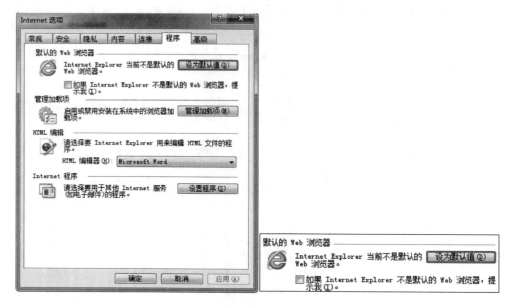

图 2 - 2 - 9

题 4：在 IE 中设置上网代理设置，代理地址内容由老师公布。

步骤：选择"连接"选项卡，然后单击下面"局域网设置"，勾选"为 LAN 使用代理服务器"并输入代理地址，如图 2 - 2 - 10、图 2 - 2 - 11 所示。

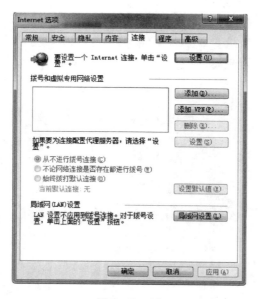

图 2 - 2 - 10

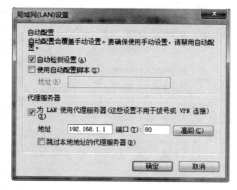

图 2 - 2 - 11

3. 电子邮件。

（1）申请免费的电子邮箱。输入 http：//reg. email. 163. com/unireg/call. do？cmd = register. entrance&from = 126mail，进入 126 邮箱的注册官网。如图 2 - 2 - 12 所示。

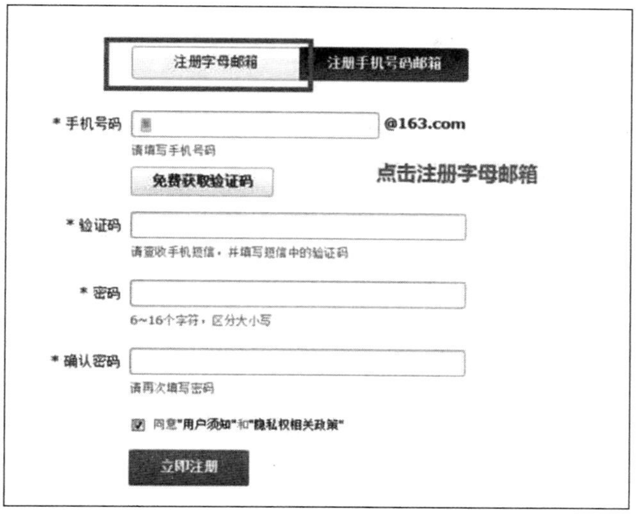

图 2 - 2 - 12

提示：126 邮箱提供两种注册方法，注册手机号码邮箱和注册字母邮箱，选择一种注册方式。

填写邮箱用户名，然后选择主机名和域名。填写完毕后，点击立即注册。如果用户名被占用，请尝试换另一个，用户名的原则是简单好记。如图 2 - 2 - 13 所示。

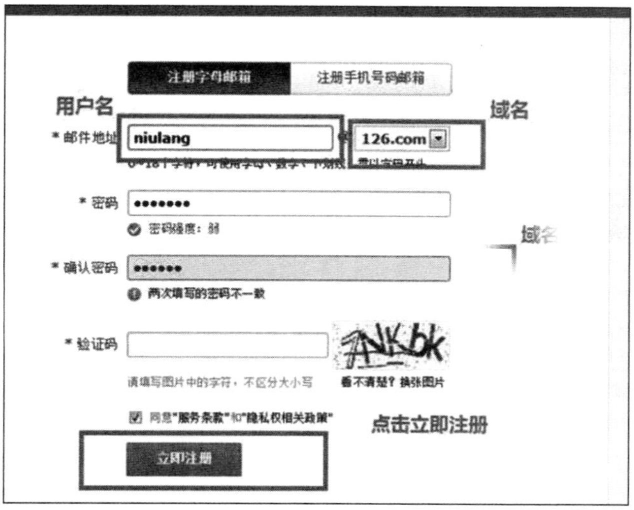

图 2 - 2 - 13

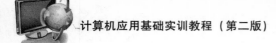

在弹出的新窗口中，忽略手机验证，选择跳过这一步进入邮箱。如果你作为非常重要的个人邮箱使用，建议申请成功后再进行手机认证。如图 2 – 2 –14 所示。

图 2 – 2 –14

这个时候，我们就申请成功了 126 邮箱。

而我们的邮箱地址就是例如我填写的 niulang，选择的域名是 126. com，那么我的这个邮箱地址就是 niulang@ 126. com。

（2）向您的同学、朋友发送一封邮件，讲述一下你最近的校园学习生活情况，内容如下：

登录邮箱之后我们点击"通讯录"，点击"新建联系人"，创建联系人的目的就是方便邮件的发送，不必每次发送的时候都输入对方的邮箱账号，输入联系人姓名和电子邮箱地址即可，其他的可填也可不填写，只要你能够识别要发送的联系人即可。如图2 – 2 –15、图 2 – 2 –16 所示。

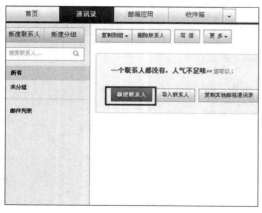

图 2 – 2 –15　　　　　　　　　　　　　　　　图 2 – 2 –16

创建完成后，我们选中刚刚创建的联系人，然后点击"写信"，此时我们便来到了写信界面，其中发件人就是我们刚刚注册的邮箱，收件人就是我们刚刚选中的联系人，这两项就不用自己手动填写了。如图2－2－17、图2－2－18所示。

图2－2－17

图2－2－18

　　接着，我们需要填写主题，也就是发送的标题，可以把发送的内容压缩成一句话形成标题，文本编辑框中填写的就是我们发送的具体内容了，当然我们可以给发送内容添加一些样式，例如给文字加粗、标红，也可以给内容添加一些表情，使它更生动形象。如图2－2－19所示。

图 2 - 2 - 19

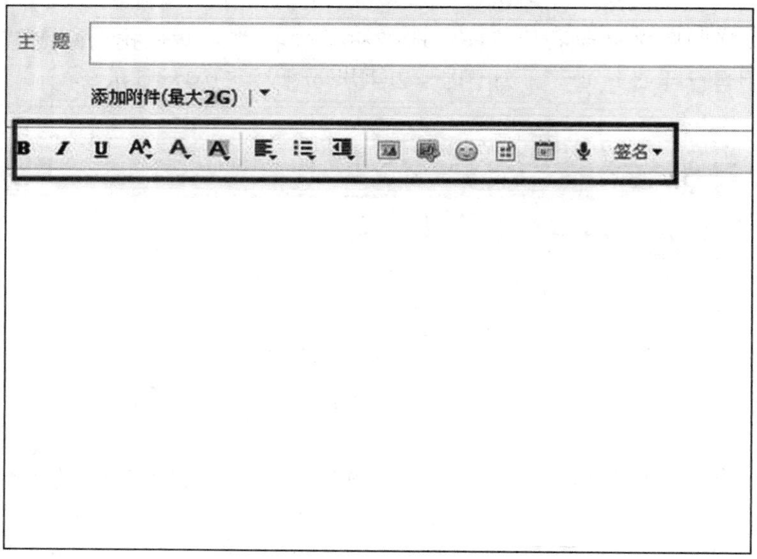

  当然，我们有时候在发送邮件的时候希望传送一些资料或者文件，此时我们就可以点击"添加附件"，然后选中我们需要传送的具体内容，点击"打开"即可，不同的邮箱可添加的最大附件也不同，163 的最大附件是 2G，超过之后就不能发送成功，如图 2 - 2 - 20 所示。

图 2 - 2 - 20

如果你要发送的邮件特别紧急，我们还可以在最下方勾选紧急标识符，当然，除了紧急选项之外我们还可以勾选其他选项，例如定时发送，如果勾选了"定时发送"，我们需要填写发送时间，这样邮件就会在指定的时间发送了，如图2－2－21所示。

图2－2－21

　　完成邮件的填写和选择之后，我们可以预览一下我们将要发送的邮件，点击"预览"按钮即可看到别人接收邮件之后的效果，看你是否满意，如果满意就可以点击"发送"按钮直接发送；如果不满意则修改之后再行发送。当然，如果你认为邮件内容还有待完善，可以先保存操作，等待有时间完善之后再行发送，如图2－2－22所示。

图2－2－22

　　（3）为你的邮箱设置能为每个发送到来的邮件的自动回复内容。
　　打开QQ邮箱，进入主界面，如图2－2－23所示。

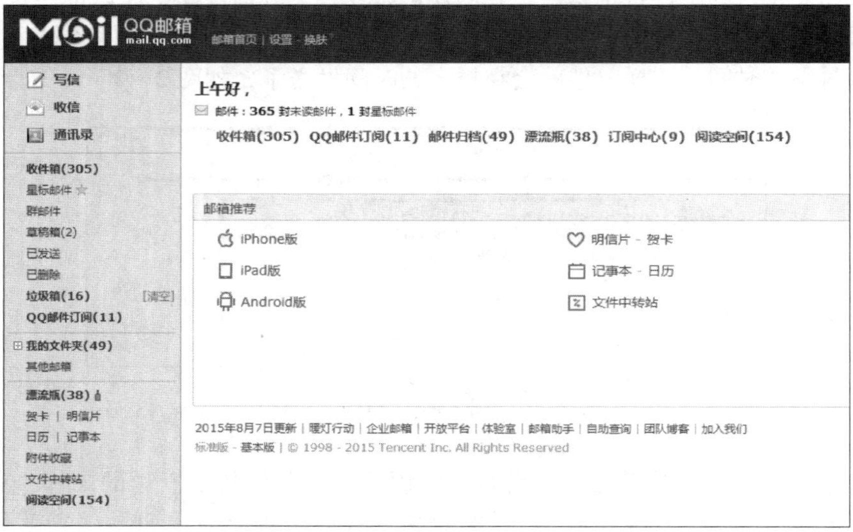

图 2 - 2 - 23

点击"设置"如图 2 - 2 - 23 所示红色方框，打开后如图 2 - 2 - 24 所示。

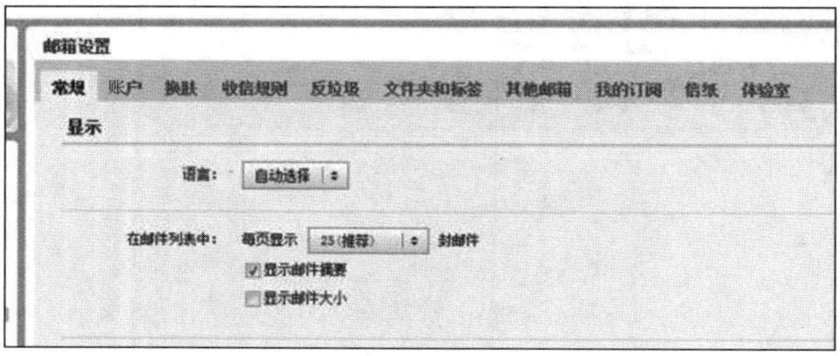

图 2 - 2 - 24

在常规中显示，拉动右边的滚动条，找到假期自动回复设置，改为"启用"。如图 2 - 2 - 25 所示。

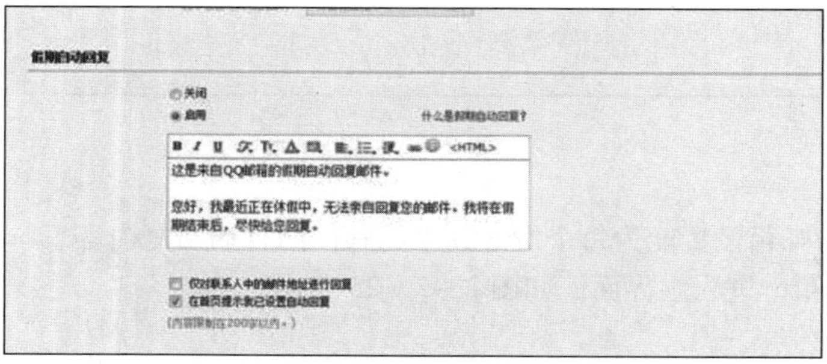

图 2 - 2 - 25

在白色框里（类似邮件框），可以修改自动回复的内容，改好后，保存更改在邮箱首页可以看到提示，如图 2 – 2 – 26 所示。

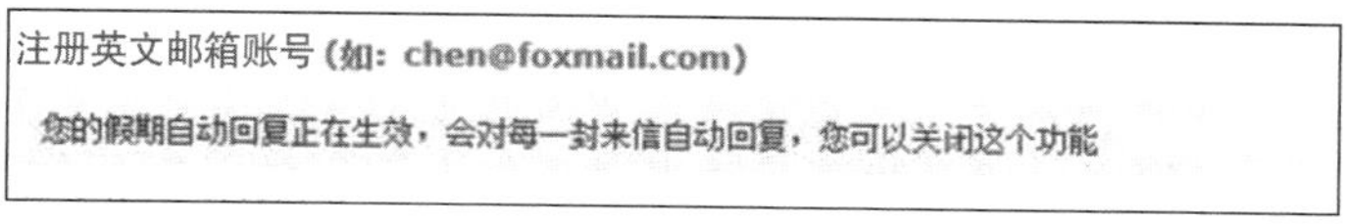

注册英文邮箱账号 (如：chen@foxmail.com)

您的假期自动回复正在生效，会对每一封来信自动回复，您可以关闭这个功能

图 2 – 2 – 26

4．互联网应用：

（1）利用百度搜索引擎搜索包含"苹果"的内容，但只显示关于食物方面的信息。

（2）利用百度搜索引擎计算以下问题的数学结果：

$1 + 2 * 3 - 4/5 + 7 * 8 - 9/10$　　　　　　　　结果为：

25 的平方　　（表达式为：25^2）　　　　结果为：

64 的平方根　　　　　　　　　　　　　　　结果为：

2 的 10 次　　　　　　　　　　　　　　　　结果为：

$ln2 * 2^2 =$　　　　　　　　　　　　　　　结果为：

（3）利用百度搜索引擎翻译单词"abstract"。

（4）利用百度搜索引擎搜索歌曲《当时的月亮》的 MP3。

 项目训练

项目 1

按要求完成如下操作并截图保存：

（1）设置 IE 浏览器主页为百度（http://www.baidu.com/）。

（2）在"隐私"选项卡中设置"启用弹出窗口阻止程序"为开启状态。

（3）设置"退出时删除浏览历史记录"为勾选状态。

项目 2

按要求完成如下操作并截图保存：

（1）给自己申请免费的电子邮箱。

可以参考以下一些免费邮箱申请网址：www.126.com、www.sina.com.cn、www.163.com。

（2）向老师邮箱发送一封邮件，讲述一下你最近的校园学习生活情况，内容如下：

主题：（姓名）我最近的情况！

内容："我现在在学校的学习……"。

每个人根据自己的情况，简要讲述一下你最近的校园学习生活情况。

（3）为你的邮箱设置能为每个发送到来的邮件的自动回复内容。

内容如下："你的邮件我已经收到，以后多联系，谢谢！（发件人姓名）"。

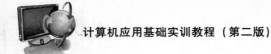

（4）向你的同学及老师发送一份问候邮件，并且附带一份"通讯录.xls"文件给收信人。

邮件人：老师的邮箱、同学的邮箱

主题："班级通讯录"

内容："×××，你好！这是我班的通讯录，如有不符请及时反馈修改，谢谢。同学：发件人姓名"

项目3

按要求完成如下操作并截图保存：

运用互联网搜集珠海景观介绍相关信息（包括文字、图片、视频等内容）。

珠海出过哪些名人？试述一下简历。

用百度搜一下你的名字，看有哪些牛人并简述一下。

 自由园地

按要求完成如下操作：

（1）在家里自己将计算机接入互联网，并使用互联网进行上网。

（2）有时我们不想收到某些特定电子邮箱发来的邮件（例如广告邮件），希望实现如有类似的邮件发到你的邮箱能自动删除该邮件至回收站（垃圾箱），该如何实现？

第三章　Word 文字处理

案例 1　诗词鉴赏——Word 文档字体设置

 任务描述

小芳的打字速度很快，因此，她经常帮助老师把一些文章输入到 Word 文档中，可是她今天却犯愁了，她碰到了一些困难，我们一起来帮帮她吧。

 练习要点

- 设置文本字符格式
- 添加下画线
- 插入符号
- 添加拼音指南
- 添加上标或下标

 操作步骤

（1）启动 Word 2010，使用【文件】选项卡的【保存】菜单或点击相应的快捷方式，以文件名"诗词鉴赏.docx"存于姓名文件夹下。

（2）在该 Word 文档中输入如图 3－1－1 所示的文字。

鹧鸪天.送廓之秋试↵
[宋]辛弃疾↵
白苎新袍入嫩凉，春蚕食叶响回廊。禹门已准桃花浪，月殿先收桂子香。↵
鹏北海，凤朝阳。又携书剑路茫茫。明年此日青云去，却笑人间举子忙。↵
【注释】秋试：科举时代秋季举行的考试。白苎用白色苎麻编织成的布。禹门，即龙门，古时以"鱼跃龙门"比喻考试得中。↵
1）"白苎新袍入嫩凉"句中的"嫩"字带给你怎样的感觉？↵
答：↵
2）请举一例分析本词虚实相生的艺术手法。↵
答：↵

图 3－1－1

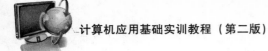
（3）设置第一行和第二行文字居中，如图 3 - 1 - 2 所示。

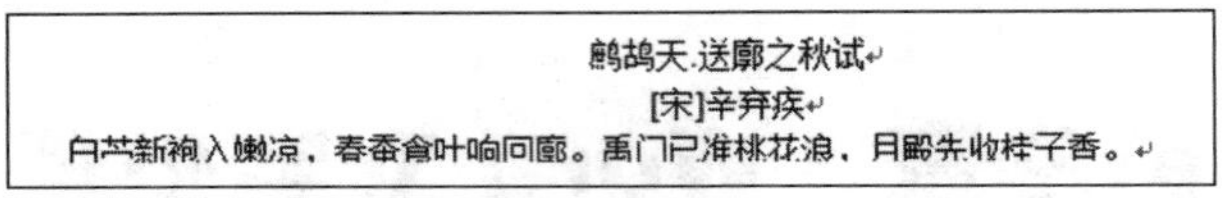

鹧鸪天.送廓之秋试
[宋]辛弃疾
白苎新袍入嫩凉，春蚕食叶响回廊。禹门已准桃花浪，月殿先收桂子香。

图 3 - 1 - 2

（4）设置标题字体为"华文新魏，四号"，如图 3 - 1 - 3 所示。

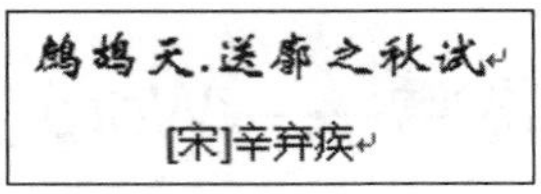

鹧鸪天.送廓之秋试
[宋]辛弃疾

图 3 - 1 - 3

（5）将标题中"."的位置提升到中间，如图 3 - 1 - 4 所示。

图 3 - 1 - 4

（6）使用"拼音指南"对于该诗词中的偏僻字注释拼音，选中需注音的字，单击 按钮即可。

（7）在文章需要注释的位置，依次单击【插入】选项卡中的"符号"，选择"其他符号"中的"Wingdings 2"字符，找到带圈的数字，插入文中，如图 3 - 1 - 5 所示。

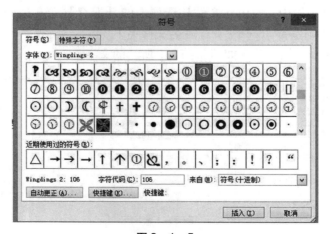

图 3 - 1 - 5

（8）将诗词中的标号设置为上标，选中标号，单击 x^2 按钮即可，最终效果如图3 - 1 -6 所示。

图 3 -1 -6

（9）在答题部分添加下画线，在"答"后连续输入若干空格，选中这些空格，单击 **U** 按钮，即可绘制如图 3 -1 -7 所示的答题线。

图 3 -1 -7

项目训练

项目1

新建 Word 文档，命名为 "3 -1 -1. docx"，按要求完成如下操作：

（1）使用字体格式中的"下标与着重号"，完成以下文字的输入与设置：

在 X $+2O_2$ = CO_2 $+2H_2O$ 的反应中，根据质量守恒定律可判断出 X 的化学式为（　　）。

A. CH_4　　　　　B. C_2H_5OH　　　　　C. CH　　　　　D. CO

（2）在文档 3 -1 -1. docx 中录入图 3 -1 -8 中文字。使用字体格式中的"字符间距"，调整整段文字字符间距，将图 3 -1 -8 中的四行文字压缩为三行。将第二行文字字符间距紧缩 0.15 磅，在空缺处填入一个单词，效果如图 3 -1 -9 所示。

> The island is part of the Marshall Islands . It offered no basic facilities, so the Flakes had to catch and cook their own food and purify their water. Their diet was made up of coconuts, crab and fish. They captured the crab and fish themselves and cooked the food over an open fire started with a magnifying glass.

图 3 -1 -8

> The island is part of the Marshall Islands . It offered no basic facilities, so the Flakes had to catch and cook their own food and purify their water. Their diet was made up of coconuts, crab and fish. They captured the crab and fish themselves and cooked the food over an open fire started with a magnifying glass.

图 3 -1 -9

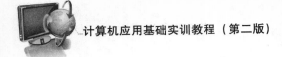

项目2

新建 Word 文档，命名为"3－1－2. docx"，按要求完成如下操作：

使用"双行合一或合并字符"命令，将"广东省教育委员会食品药品管理局联合文件"文字设置为如图 3－1－10 所示样式。

广东省^{教 育 委 员 会}_{食品药品管理局}联合文件.

图 3－1－10

 自由园地

新建 Word 文档，命名为"求职信. docx"，按要求完成如下操作：

（1）参考下图求职信的模板，如图 3－1－11 所示，自己制作一个个人求职信。

（2）页面字体格式根据自己的喜好进行设置。

求 职 信

尊敬的**公司领导：

您好！

非常感谢您在百忙之中抽空审阅我的求职信。

我是 xx 学校 xx 专业的应届毕业生，在校期间，我勤奋学习专业知识，努力提高专业技能，曾参加全国中职业学生计算机技能大赛并取得佳绩。我非常喜欢计算机，不仅熟练掌握了基本应用软件的使用，而且顺利通过了计算机等级考证。

此外，我积极投身学生会和广播站等学生组织为同学工作，表现出色，曾先后荣获校级"优秀三好学生""优秀学生干部"等称号。

我还利用业余时间进行社会实践，有如下实践经历：

➢ 在 xx 公司 xx 产品宣传推广

➢ 环境保护社会调查

做学生工作让我积累了宝贵的工作经验，使我学会了做人，锻炼了的组织管理能力，培养了我脚踏实地、认真负责的工作作风。

"长风破浪会有时，只挂云帆济沧海"，我真诚地希望加盟贵公司，我定会以饱满的热情和坚韧的性格勤奋工作，与同事精诚合作，为贵单位的发展尽自己的绵薄之力。

殷切期望您的佳音，谢谢！

☎: ***********

此致，

　　　敬礼！

　　　　　　　　　　　　　　　　求职者：***

　　　　　　　　　　　　　　　　****年*月

图 3－1－11

...

案例 2　培训通知——Word 段落设置

任务描述

　　每篇文档都是由若干段落组成的，段落的对齐与缩进及段间距和行间距等直接影响文档的版面效果。此外，文档中适当采用项目符号和编号，可以使文档内容更加层次分明，使文档中的重点或者需要强调的部分更为突出。

练习要点

- 设置段落的缩进方式
- 调整段间距和行间距
- 应用项目符号和编号
- 应用多级列表

操作步骤

　　（1）启动 Word 2010，打开"培训通知素材.docx"文件，选中文中除标题和称呼外的所有段落，单击【段落】组中【段落】对话框，弹出段落设置对话框，在特殊格式中选择首行缩进 2 字符，如图 3 - 2 - 1 所示。

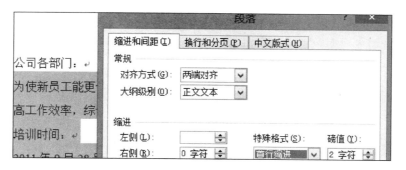

图 3 - 2 - 1

　　（2）按"Ctrl + A"，选中全文，单击【段落】组中【段落】对话框，弹出段落设置对话框，在行距中选择固定值 25 磅，如图 3 - 2 - 2 所示。

图 3 - 2 - 2

（3）按住"Ctrl"键选中"培训时间、培训地点、培训对象、培训内容、培训要求"文字，单击【段落】组中的【编号】下拉按钮，在编号库中选择如图 3 - 2 - 3 所示的编号样式。

（4）选中"培训时间"文字下方的文字，单击【段落】组中的【项目符号】下拉按钮，选择一种项目符号，如图 3 - 2 - 4 所示。

图 3 - 2 - 3   图 3 - 2 - 4

（5）选中"培训内容"文字下方的文字，单击【段落】组中的【项目符号】下拉按钮，选择【定义新项目符号】，如图 3 - 2 - 5 所示。

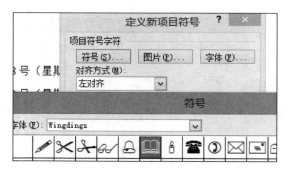

图 3 - 2 - 5

（6）将光标置于添加了项目符号或编号的文字之后，按住"Enter"键将自动添加一个项目符号或编号，再次按"Enter"键则可清除项目符号或编号。

（7）分别选择二级项目符号，按住"Tab"键缩进文字，如图 3 - 2 - 6 所示。

一、培训时间：	四、培训内容：
➤ 2011 年 9 月 28 号（	📖 公司基本情况介绍
➤ 2011 年 9 月 30 号（	📖 公司晋级、奖惩等相关制度
➤ 2011 年 10 月 11 号	📖 公司生产安全知识等关键词

图 3－2－6

 项目训练

项目 1

打开"委托代理合同素材 .docx"文件，按要求完成如下操作：

（1）将文章标题设置为"黑体、二号、居中、字符间距加宽 5 磅"。

（2）在需要手动书写文字的位置，单击"空格键"按钮，为空格内容设置下画线。

（3）将各个小标题设置为"隶书、三号、红色"。

（4）设置段落格式为左侧、右侧各缩进"2 字符"，设置全文行距为"1.5 倍"行距。

（5）为各小标题下的内容统一添加项目编号，并在"乙方的责任"下添加相应的二级编号，最终效果如图 3－2－7 所示。

项目 2

1. 打开"好书目录 .docx"文件，按要求完成如下操作：

（1）将文章标题设置为"微软雅黑、小二、加粗、居中、字符间距加宽 3 磅"。

（2）选取全文，设置全文行距为"1.5 倍"行距。

委 托 代 理 合 同

一、委托代理范围

1. 企业申请设立登记
2. 技术评估
3. 地税登记
4. 国税登记
5. 财产权转移审计

二、双方权利和义务

1. 甲方应保证提供真实、合法、有效的登记注册材料，合同签订之日，甲方预付费用____元，待名称核准，地址、资金到位，甲方及时支付成本费（评估、取照、公告、刻章费），自最后领取国、地税登记证时，将剩余费用刷清。

2. 乙方接受委托，指派代理人员，在约定时间内，完成上述代理登记注册事项。因登记材料或者政策调整被核驳，需补充或者修正材料的，代理时限顺延。

3. 乙方的责任：
   A. 维护甲方合法权益，保障甲方委托登记代理材料的完整性，予以保护知悉的商业秘密。
   B. 乙方应在甲方提供的登记注册材料（名称核准后）齐备之日起____个工作日内，主办工商代理业务；企业代码____个工作日内，国、地税材料齐备后____个工作日内，取得国、地税登记证。
   C. 对甲方提供的虚假注册材料，乙方有权终止代理业务，依约所收取的预付金，不予退还。

三、违约责任

1. 合同一经依法签订，甲乙双方应认真自觉遵守，履行各自的权利和义务，不得擅自变更、终止合同。

2. 因甲方原因使合同不能履行，甲方预付金不能收回，因乙方违约，应双倍返还甲方己付的预付金。

3. 合同履行期间，因法律、法规及政策调整，不能继续履行，委托代理合同自动解除，乙方将已取得的预付金 50%返还给甲方。

四、各项合同费用

1. 工商、评估、财产转移、税务、高新认证等所有成本共计____元。
2. 本合同一式两份，双方各执一份，自签字之日起生效。

委托方全称（甲方）：　　　　受托方全称（乙方）：
甲方（签字/盖章）：　　　　乙方（签字/盖章）：

年 月 日

图 3－2－7

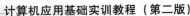

（3）选取 5 本书的书名加作者名所在的行，参考效果图添加项目编号。

（4）选取每本书籍的介绍部分，在"定义新项目符号"对话框中添加"书"图片符号，单击选择任意符号；在"字体"功能区域中调整所有的符号大小为"小二"。最终效果如图 3 - 2 - 8 所示。

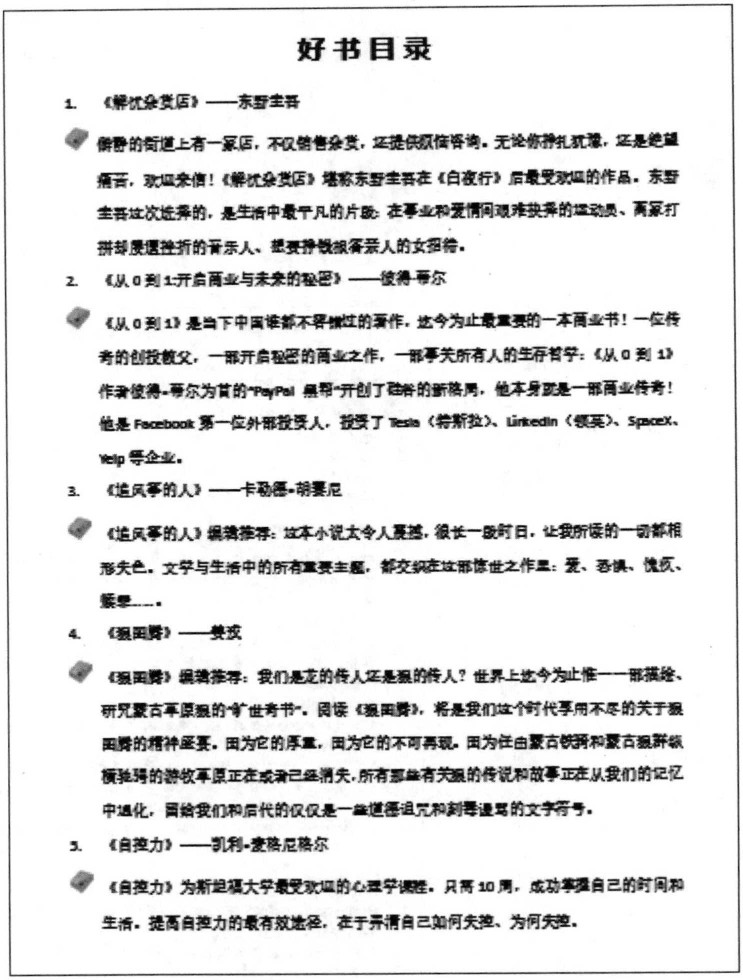

好书目录

1. 《解忧杂货店》——东野圭吾

僻静的街道上有一家店，不仅销售杂货，还提供烦恼咨询。无论你挣扎犹豫，还是绝望痛苦，欢迎杂信！《解忧杂货店》堪称东野圭吾在《白夜行》后最受欢迎的作品。东野圭吾此次选录的，是生活中最平凡的片段：在事业和爱情间艰难抉择的运动员、离家打拼却屡遭挫折的音乐人、捜要挣脱烦恼客累人的女招待。

2. 《从 0 到 1:开启商业与未来的秘密》——彼得·蒂尔

《从 0 到 1》是当下中国谁都不容错过的著作，迄今为止最重要的一本商业书！一位传奇的创投教父，一部开启秘密的商业之作，一部事关所有人的生存哲学：《从 0 到 1》作者彼得·蒂尔为首的"PayPal 黑帮"开创了硅谷的新格局，他本身就是一部商业传奇！他是 Facebook 第一位外部投资人，投资了 Tesla（特斯拉）、LinkedIn（领英）、SpaceX、Yelp 等企业。

3. 《追风筝的人》——卡勒德·胡赛尼

《追风筝的人》编辑推荐：这本小说太令人震撼，很长一段时日，让我所读的一切都相形失色。文学与生活中的所有重要主题，都交织在这部惊世之作里：爱、恐惧、愧疚、赎罪……

4. 《狼图腾》——姜戎

《狼图腾》编辑推荐：我们是龙的传人还是狼的传人？世界上迄今为止惟一一部描绘、研究蒙古草原狼的"旷世奇书"。阅读《狼图腾》，将是我们这个时代享用不尽的关于狼图腾的精神盛宴。因为它的厚重，因为它的不可再现，因为任由蒙古铁骑和蒙古狼纵横驰骋的游牧草原正在或者已经消失，所有那些有关狼的传说和故事正在从我们的记忆中退化，留给我们和后代的仅仅是一些道德遗冗和刺骨逼惧的文字符号。

5. 《自控力》——凯利·麦格尼格尔

《自控力》为斯坦福大学最受欢迎的心理学课程。只需 10 周，成功掌握自己的时间和生活。提高自控力的最有效途径，在于弄清自己如何失控、为何失控。

图 3 - 2 - 8

项目 3

打开"招聘启事. docx"文件，按要求完成如下操作，效果如图 3 - 2 - 9 所示：

（1）字体要求：标题黑体一号居中；颜色：橙色。"诚征"二字楷体 20 号。一级编号所在行文字字体幼圆五号，加粗、倾斜，二级编号所在行文字字体宋体五号。带图片的项目符号所在行文字为宋体四号。

（2）按效果图给出的样式，设置加框文字、一级编号、二级编号及项目符号，编号缩进的位置如效果图所示。

（3）行距要求：一级编号行距为 2.5 倍，其他为单倍行距。

（4）页眉文字为"招聘时间：系统时间"；页脚的文字为"公司地址：广东省珠海市香洲区人民东路 32 号"。

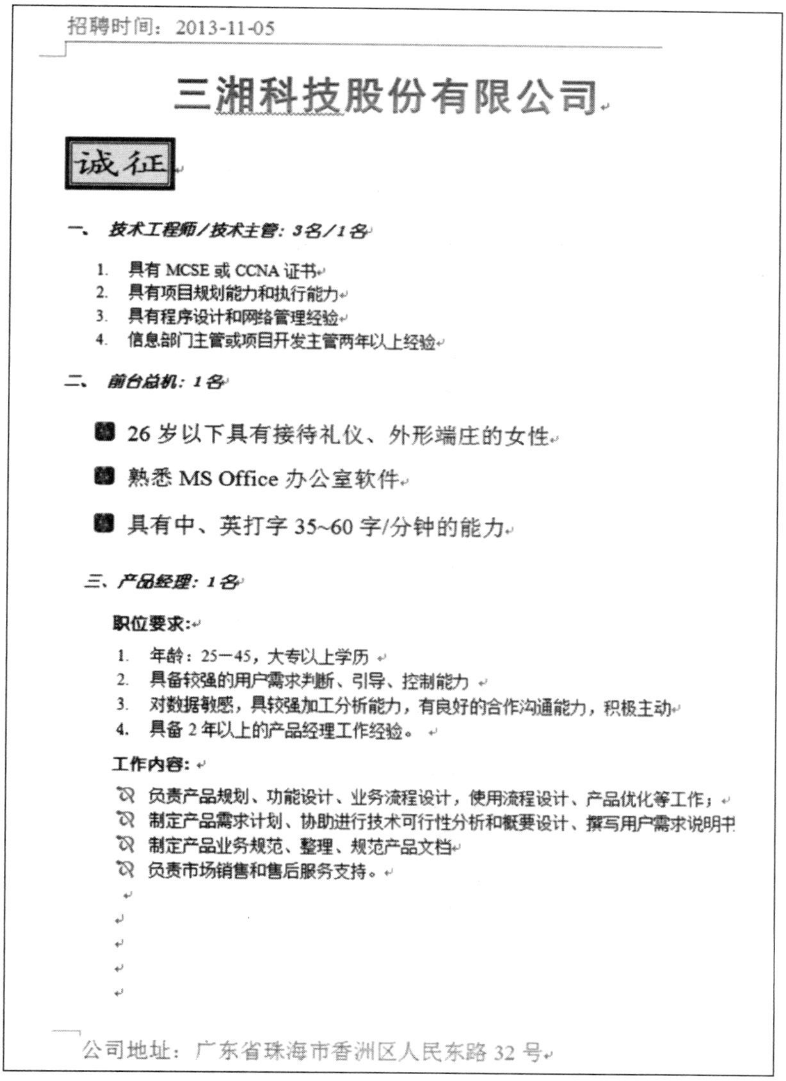

招聘时间：2013-11-05

三湘科技股份有限公司

诚征

一、 技术工程师/技术主管：3名/1名
　1. 具有 MCSE 或 CCNA 证书
　2. 具有项目规划能力和执行能力
　3. 具有程序设计和网络管理经验
　4. 信息部门主管或项目开发主管两年以上经验

二、 前台总机：1名
　■ 26 岁以下具有接待礼仪、外形端庄的女性
　■ 熟悉 MS Office 办公室软件
　■ 具有中、英打字 35~60 字/分钟的能力

三、 产品经理：1名
　职位要求：
　1. 年龄：25—45，大专以上学历
　2. 具备较强的用户需求判断、引导、控制能力
　3. 对数据敏感，具较强加工分析能力，有良好的合作沟通能力，积极主动
　4. 具备 2 年以上的产品经理工作经验。
　工作内容：
　☒ 负责产品规划、功能设计、业务流程设计，使用流程设计、产品优化等工作；
　☒ 制定产品需求计划、协助进行技术可行性分析和概要设计、撰写用户需求说明书
　☒ 制定产品业务规范、整理、规范产品文档
　☒ 负责市场销售和售后服务支持。

公司地址：广东省珠海市香洲区人民东路 32 号

图 3 - 2 - 9

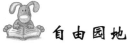 **自由园地**

新建 Word 文档，命名为"3 - 2 - 1. docx"，按要求完成如下操作：

（1）录入下面效果图中文字，并参照图3-2-10中显示格式效果，设置字体格式和段落格式。

（2）项目符号样式和带圈字体颜色可根据自己喜好进行调整。

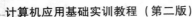

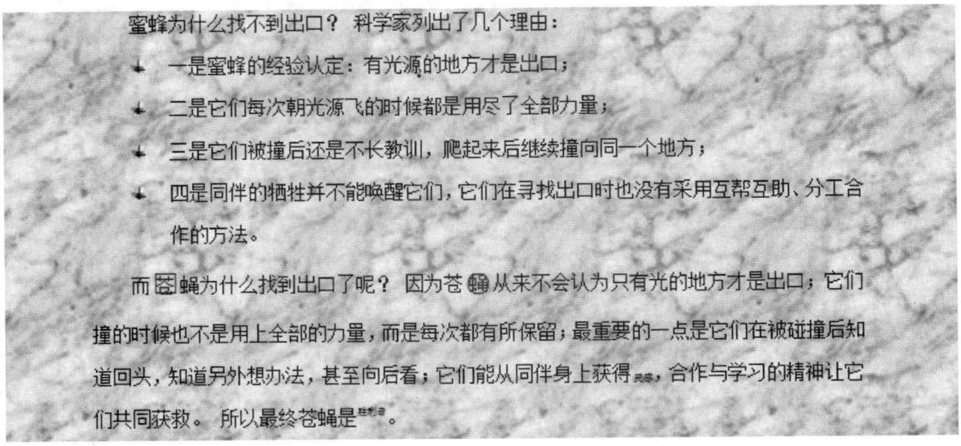

蜜蜂为什么找不到出口？科学家列出了几个理由：

➤ 一是蜜蜂的经验认定：有光源的地方才是出口；

➤ 二是它们每次朝光源飞的时候都是用尽了全部力量；

➤ 三是它们被撞后还是不长教训，爬起来后继续撞同一个地方；

➤ 四是同伴的牺牲并不能唤醒它们，它们在寻找出口时也没有采用互帮互助、分工合作的方法。

而苍蝇为什么找到出口了呢？因为苍蝇从来不会认为只有光的地方才是出口；它们撞的时候也不是用上全部的力量，而是每次都有所保留，最重要的一点是它们在被碰撞后知道回头，知道另外想办法，甚至向后看；它们能从同伴身上获得，合作与学习的精神让它们共同获救。所以最终苍蝇是。

图3-2-10

案例3　美文欣赏——Word 页面布局

 任务描述

用户可以通过设置文档的分页、分节版式效果、插入分栏格式等，来增加版式的灵活性。此外，还可在文档中添加页眉、页脚及页码格式，使版式更加美观大方。

 练习要点

● 设置页眉页脚
● 设置页面背景
● 设置分栏
● 设置纸张大小方向等

 操作步骤

（1）插入页眉页脚：启动 Word 2010，打开"美文欣赏素材.docx"文件，选择【插入】选项卡，单击【页眉和页脚】组合中的【页眉】下拉按钮，在其列表中选择要插入的页眉样式，如选择【现代型（偶数页）】选项，如图3-3-1所示。

图 3 - 3 - 1

（2）单击【页脚】下拉按钮，在其列表中选择要插入的页脚样式，如选择【拼板型（奇数页）】选项，如图 3 - 3 - 2 所示。

图 3 - 3 - 2

（3）编辑页眉页脚：修改页眉页脚中相关的文字，如图 3 - 3 - 3 所示。

图 3 - 3 - 3

（4）在页眉中插入图片：在页眉页脚工具栏下的【设计】选项卡中，单击【剪贴画】按钮，在剪贴画窗口中查找"airplanes"相关的剪贴画，并选中一副，插入页眉中，如图 3 - 3 - 4 所示。

图 3 - 3 - 4

（5）在页脚下插入当前日期与星期，并实现自动更新，如图 3 - 3 - 5 所示。

图 3 - 3 - 5

（6）插入页码：单击插入按钮下的【页码】选项卡，选择【页边距】选项，并在其中选择一种类型，如【普通数字大型（右侧）】，页面右侧则自动添加上了数字为"1"的页码，该页码的位置能随意移动到页面顶端或底端，如图 3 - 3 - 6 所示。

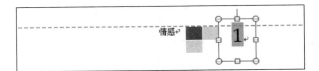

图 3－3－6

（7）分页：用户可以在指定位置强制分页，如将原文的第 6 段之后的文字放入到新的一页。将光标置于要插入分隔符的位置，选择【页面布局】选项卡，单击【页面设置】组中的【分隔符】下拉按钮，执行【分页符——下一页】命令。

（8）将新增加的页更改其页面版式，单击【页面设置】组中的【纸张方向】下拉按钮，选择“横向”。

（9）分栏：选中文章的第二、第三段落，选择【页面布局】选项卡，单击【页面设置】组中的【分栏】下拉按钮，执行【三栏】命令即可将该两端的文字分成等宽的三栏，如图 3－3－7 所示。

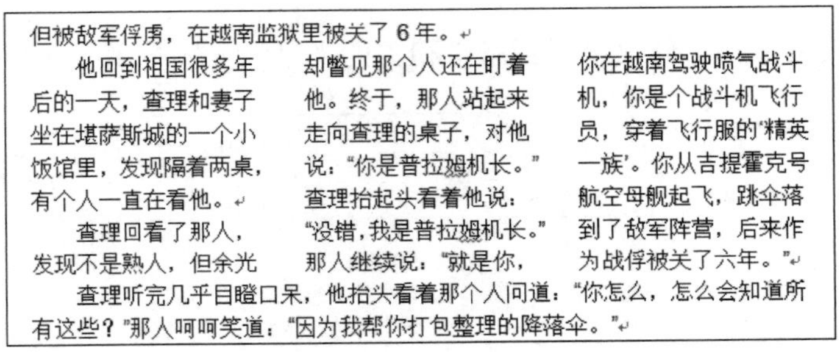
但被敌军俘虏，在越南监狱里被关了 6 年。

他回到祖国很多年后的一天，查理和妻子坐在堪萨斯城的一个小饭馆里，发现隔着两桌，有个人一直在看他。

查理回看了那人，发现不是熟人，但余光却瞥见那个人还在盯着他。终于，那人站起来走向查理的桌子，对他说：“你是普拉姆机长。”查理抬起头看着他说：“没错，我是普拉姆机长。”那人继续说：“就是你，你在越南驾驶喷气战斗机，你是个战斗机飞行员，穿着飞行服的‘精英一族’。你从吉提霍克号航空母舰起飞，跳伞落到了敌军阵营，后来作为战俘被关了六年。”

查理听完几乎目瞪口呆，他抬头看着那个人问道：“你怎么，怎么会知道所有这些？”那人呵呵笑道：“因为我帮你打包整理的降落伞。”

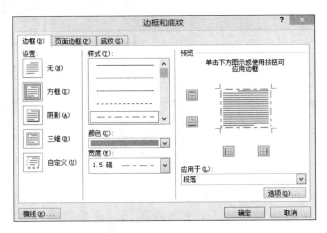

图 3－3－7

（10）添加段落边框：选中最后一个段落，单击【段落】选项卡，选择【下框线】组，单击【边框和底纹】命令，弹出【边框和底纹】对话框，单击【边框】，在【样式】中选择一种线型，设置颜色与宽度，并应用于“段落”，如图 3－3－8 所示。

图 3－3－8

项目训练

项目 1

打开“项目 1 素材 1. doc”文档，按要求完成如下操作，效果如图 3－3－9 所示：

（1）添加页面边框：参考效果图，添加合适的艺术型页面边框，宽 20 磅。

（2）第 5 段文字设置段落边框：单波浪线，1.5 磅，橙色，阴影效果。

（3）最后一段文字设置底纹：图案样式为“浅色上斜线”，图案颜色为“浅绿色”。

（4）第 6 段文字分栏设置：2 栏，左栏宽 12.5 字符，右栏宽度为 26 字符。

（5）添加水印：文字内容为“童年时光”，宋体，红色，斜式。

（6）页面背景设置为“羊皮纸”效果。

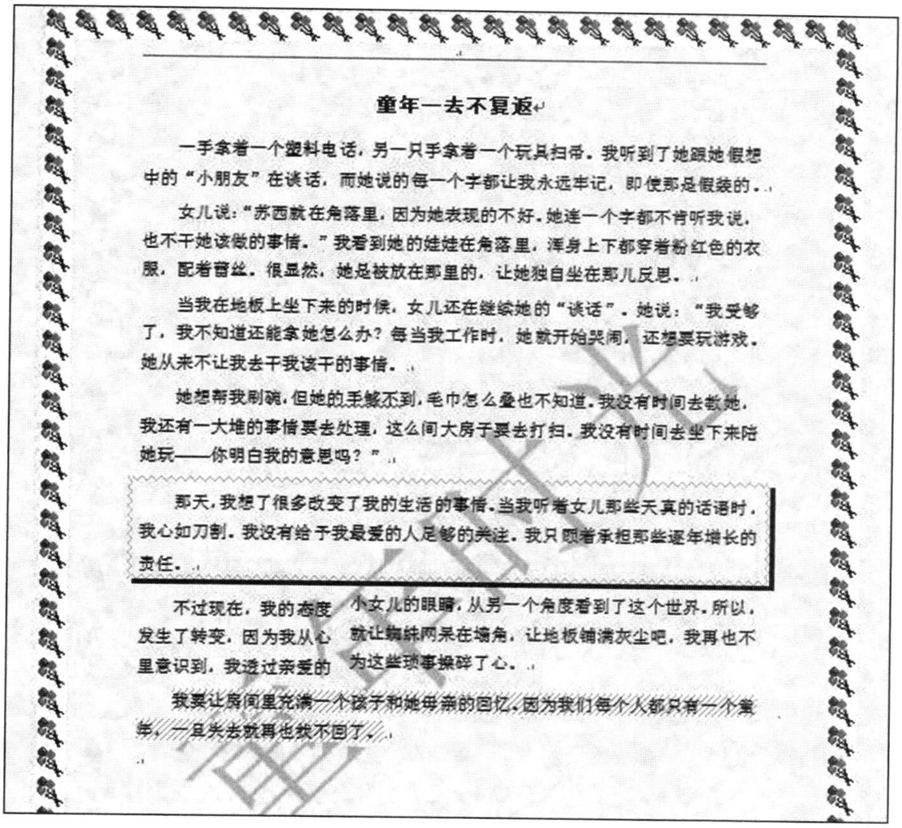

童年一去不复返

一手拿着一个塑料电话，另一只手拿着一个玩具扫帚。我听到了她跟她假想中的“小朋友”在谈话，而她说的每一个字都让我永远牢记，即使那是假装的。

女儿说：“苏西就在角落里，因为她表现的不好。她连一个字都不肯听我说，也不干她该做的事情。”我看到她的娃娃在角落里，浑身上下都穿着粉红色的衣服，配着蕾丝。很显然，她是被放在那里的，让她独自坐在那儿反思。

当我在地板上坐下来的时候，女儿还在继续她的“谈话”。她说：“我受够了，我不知道还能拿她怎么办？每当我工作时，她就开始哭闹，还想要玩游戏。她从来不让我去干我该干的事情。

她想帮我刷碗，但她的手够不到，毛巾怎么叠也不知道。我没有时间去教她，我还有一大堆的事情要去处理，这么间大房子要去打扫，我没有时间去坐下来陪她玩——你明白我的意思吗？”

那天，我想了很多改变了我的生活的事情。当我听着女儿那些天真的话语时，我心如刀割。我没有给予我最爱的人足够的关注。我只顾着承担那些逐年增长的责任。

不过现在，我的态度发生了转变，因为我从心里意识到，我透过亲爱的小女儿的眼睛，从另一个角度看到了这个世界。所以，就让蜘蛛网呆在墙角，让地板铺满灰尘吧，我再也不为这些琐事操碎了心。

我要让房间里充满一个孩子和她母亲的回忆，因为我们每个人都只有一个童年，一旦失去就再也找不回了。

图 3－3－9

项目2

打开"项目2素材.docx"文档，按要求完成如下操作，效果如图3-3-10所示：

（1）页眉位置输入标题"现在的人我是越来越理解不了了"，字体格式：华文楷体，三号，深蓝色。

（2）页面背景设置为"羊皮纸"效果。

（3）正文字体设置为"华文楷体，五号"。

（4）正文段落格式设置为"1.5倍行距"。

（5）水印设置为"隶书，100磅，浅蓝色，斜式"。

（6）页脚位置插入页码："堆叠纸张1"样式，页码样式为"壹贰叁"，首页页码为"贰"。

（7）页脚右侧插入日期，样式如图3-3-10所示，字体设置为"Showcard Gothic，深红，小三"。

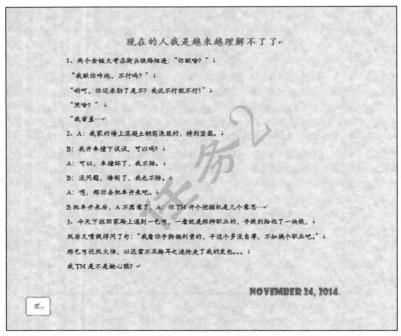

图3-3-10

 自由园地

1. 新建Word文档，命名为"3-3-1.docx"，按要求完成如下操作：

（1）利用素材文件，参考图3-3-11所示版面布局，完成页眉页脚与其他版面效果。

（2）页面背景和右上角剪贴画图片可根据自己的喜好进行更改。

图 3 - 3 - 11

2. 打开"中国五笔字型.docx"文档，完成文档排版，效果如图 3 - 3 - 12 所示。

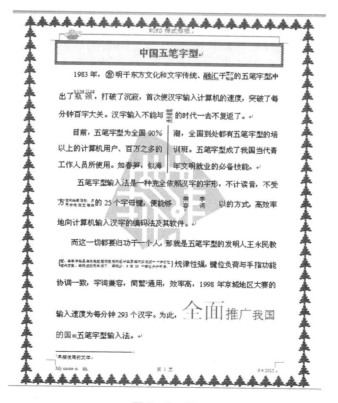

图 3 - 3 - 12

案例4 诗词图鉴——图形的使用

任务描述

小芳最近在弄一份关于诗歌的手抄报，她选择李白的《客中行》，可是她遇到了一些难题，让我们一起来帮帮她吧。

练习要点

- 添加图形
- 设置图形的形状样式
- 设置图形中的字体格式
- 设置图形中的段落格式

操作步骤

（1）新建一个 Word 文档，单击【文件】｜【保存】命令，以文件名"诗词鉴赏.docx"存于练习文件夹中。

（2）选择【插入】｜【形状】｜【横卷形】，在"诗词鉴赏.docx"文档中绘制横卷形图形▭。选择横卷形图形，单击【绘图工具】｜【格式】｜【形状填充】下拉菜单，选择【无填充颜色】命令，【形状轮廓】设置为"黑色，文字1，淡色35%"，粗细设为1磅。设置方法如图3－4－1所示。

（3）使用图形上方的"黄色菱形"图标，如图3－4－2所示，使用鼠标水平拖动图标，可修改形状卷曲的程度。

图3－4－1

图3－4－2

（4）选中图形，单击鼠标右键，选择【添加文字】命令，输入如图3－4－3所示文字。

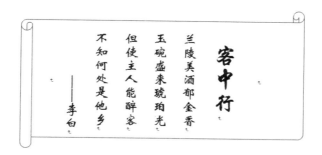

图 3 - 4 - 3

（5）设置文字方向：【绘图工具】|【文本】|【文字方向】|【垂直】，图形中文字【对齐方式】设置为"中部对齐"，标题字体格式设置为"华文行楷，小初，加粗，深蓝色"，其他文字字体格式设置为"华文新魏，二号，'深蓝，文字 2，深色 25%'"效果如图 3 - 4 - 4 所示。

图 3 - 4 - 4

（6）选中"横卷形"，单击【绘图工具】|【格式】|【形状填充】【图片】，找到素材图，"插入"图片，效果如图 3 - 4 - 5 所示。

图 3 - 4 - 5

（7）单击【插入】|【形状】|【心形】，设置形状高度为 1 厘米，形状宽度为 1.2 厘米。选择【心形】，单击鼠标右键，【设置形状格式】|【填充】|【渐变填充】。设置两个渐变光圈的颜色（RGB 颜色模式）和位置。第一个光圈"红色：250，

绿色：90，蓝色：90，光圈位置：50％"；第二个光圈"红色：250，绿色：130，蓝色：250，光圈位置：90％"。【形状轮廓】设置为"无轮廓"。心形效果如图3－4－6所示。

（8）单击【插入】|【形状】|【五角星】，设置形状高度为1厘米，形状宽度为1.2厘米。选择【五角星】，单击鼠标右键，【设置形状格式】|【填充】|【渐变填充】。设置两个渐变光圈的颜色（RGB颜色模式）和位置。第一个光圈"红色：100，绿色：45，蓝色：250，光圈位置：50％"，第二个光圈"红色：250，绿色：100，蓝色：250，光圈位置：90％"。【形状轮廓】设置为"无轮廓"。星形效果如图3－4－6所示。

图3－4－6

（9）将所有图形的自动换行方式更改为"浮于文字上方"，复制"心形""五角星"图形，排列效果如图3－4－7所示。选择所有图形后，单击鼠标右键，对图形进行组合。

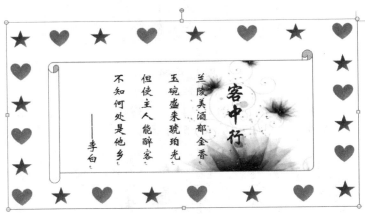

图3－4－7

 项目训练

项目1

新建Word文档，命名为"3－4－1. docx"，按要求完成如下操作，效果如图3－4－8所示。

（1）页面大小：宽15厘米，高9厘米，上、下、左、右的边距均为1厘米。

（2）页面边框：艺术型，样式为"◇◇◇◇◇◇"效果，10 磅。

（3）标题"准考证"字体格式：黑体，一号，加粗，字符间距 8 磅。

（4）文字"考区""考场""考号""姓名"字体格式：楷体，三号，字符间距 3 磅。

（5）"考区""考场""考号""姓名"右侧文字格式：宋体，五号。

（6）右侧图片格式：图片宽设置为"3 厘米"；图片形状设置为"圆角矩形"；图片边框设置为"黑色，0.75 磅"。

图 3 - 4 - 8

项目 2

新建 Word 文档，命名为"3 - 4 - 2. docx"，按要求完成如下操作，效果如图 3 - 4 - 9 所示。

图 3 - 4 - 9

（1）页面大小：宽 20 厘米，高 10 厘米。

（2）"光棍证"字体格式：小初，字符间距为 20 磅。

（3）"中国孤男寡女管理中心颁发"字体格式：小四，字符间距为 1 磅。

（4）其他效果参照效果图。

 自由园地

新建 Word 文档，命名为"3 - 4 - 3. docx"，按要求完成如下操作：

（1）使用【形状】中的任意多边形和基本形状，以及图 3 - 4 - 11 提供的图片素材，参考如图 3 - 4 - 10 所示效果，制作一个"招财进宝"的贴图效果。

（2）图形颜色可根据自己的喜欢进行设置。

图 3 - 4 - 10 图 3 - 4 - 11

案例 5 诗词鉴赏——艺术字

 任务描述

语文老师请小芳帮忙做一个诗词鉴赏的排版，可是对艺术字的运用不太熟悉，我们一起来帮帮她吧。

 练习要点

- 艺术字的文本填充
- 艺术字的文本效果
- 艺术字的文本轮廓

 操作步骤

（1）启动 Word 2010，单击【文件】|【保存】，将文件命名为"诗词鉴赏 . docx"。

（2）单击【页面布局】|【纸张大小】设置为：宽 40 厘米，高 9 厘米；纸张方向为：横向。

（3）单击【页面布局】|【页面颜色】|【填充效果】|【双色】，颜色 1
（RGB 颜色）"红：255，绿：255，蓝：153"；颜色 2（RGB 颜色）"黄色"。操作界面
如图 3-5-1 所示。

图 3-5-1

（4）在纸张右侧插入艺术字，输入文字"李白诗词"。设置【艺术字样式】|
【文本轮廓】为"无轮廓"；【文本填充】为"黑色"；【文字效果】为"阴影，内部左
上角""映像，紧密映像，接触"；【字体】为"方正舒体"，【字号】为"初号"。效
果如图 3-5-2 所示。

图 3-5-2

（5）在纸张中间插入"艺术字"，在文本框中输入以下文字，如图 3-5-3 所示。

危楼高百尺，手可摘星辰。不敢高声语，恐惊天上人。
　《夜宿山寺》
兰陵美酒郁金香，玉碗盛来琥珀光。但使主人能醉客，不知何处是他乡。
　《客中行》
渡远荆门外，来从楚国游。山随平野尽，江入大荒流。月下飞天镜，云生结海楼。仍怜
故乡水，万里送行舟。
　《渡荆门送别》

图 3-5-3

（6）将诗词字体格式设置为"华文新魏，小二"，段落格式设置为"2.5倍行距，左对齐"。设置【艺术字样式】|【文本填充】|【渐变填充】|【预设颜色】设置为"红日西斜"；【类型】设置为"射线"；【方向】设置为"从右下角"。设置【渐变光圈】的位置（从左到右）为"光圈1：13%；光圈2：51%；光圈3：75%；光圈4：90%；光圈5：100%"。设置界面效果如图3-5-4所示。

图3-5-4

（7）诗词题目的【字体】大小设置为"小三"，【对齐方式】设置为"右对齐"。诗词【文字方向】设置为"垂直"。设置【艺术字样式】|【文本填充】|【渐变填充】|【预设颜色】设置为"宝石蓝"；【类型】设置为"线性"；【方向】设置为"线性向上"。设置界面效果如图3-5-5所示。

图3-5-5

（8）打开素材文件，将"卷轴"素材插入文档，设置素材【自动换行】方式为"浮于文字上方"。使用"剪裁"工具将卷轴分为三部分。效果如图 3 - 5 - 6 所示。

图 3 - 5 - 6

（9）调整图片大小，"组合"剪裁好的三个图片。设置图片【自动换行】方式为"衬于文字下方"。

（10）保存文档。最终效果如图 3 - 5 - 7 所示。

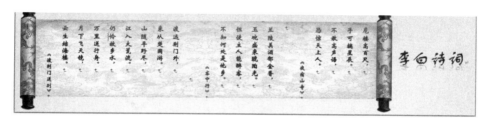

图 3 - 5 - 7

 项目训练

项目 1

新建 Word 文档，命名为"3 - 5 - 1. docx"，按要求完成如下操作，效果如图 3 - 5 - 8 所示。

图 3 - 5 - 8

（1）页面大小：宽 29.7 厘米，高 18 厘米。

（2）"Disney" 字体格式：Harrington，72 磅，白色，深蓝色阴影。

（3）"FROZEN" 字体格式：Showcard Gothic，90 磅，颜色为 "白色、浅蓝"。

（4）右侧插入图形，设置为 "圆角矩形，填充为浅蓝色，透明度设置为 40%，轮廓色设置为无色"。

（5）右侧图形中添加文字，文字格式为 "宋体，四号，白色"，"1.5 倍行距"。

（6）插入图片：背景图片调整好大小后置于底层。

项目 2

新建 Word 文档，命名为 "3-5-2.docx"，效果如图 3-5-9 所示，制作艺术字圣诞贺卡，背景及字体颜色可根据自己的喜欢进行设置。

图形设置要点如下：

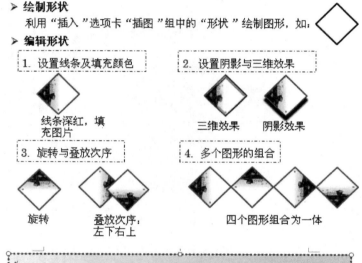

图 3-5-9

 自由园地

新建 Word 文档，命名为"3－5－3. docx"，按要求完成如下操作：

（1）参考下面版面布局，如图 3－5－10 所示，自己制作一张杂志封面。

（2）要求 1 页，页面内容布局和颜色设置根据自己的喜欢进行适当调整。

图 3－5－10

案例 6　关系图——SmartArt 应用

 任务描述

今天，小芳需要制作一个关系图，她开始犯愁了，让我们一起用 SmartArt 来帮帮她吧。

 练习要点

- 插入 SmartArt
- SmartArt 的类别
- 添加 SmartArt 形状
- 修改 SmartArt 格式

 操作步骤

（1）启动 Word 2010，单击【文件】|【保存】将文件命名为"关系图制作. docx"。

（2）单击【插入】|【SmartArt】|【棱锥图】选择"基本棱锥图"插入文档，效果如图 3 - 6 - 1 所示。

（3）右键单击"基本棱锥图"，单击【添加形状】|【后面添加形状】添加两个形状，如图 3 - 6 - 2 所示。

图 3 - 6 - 1

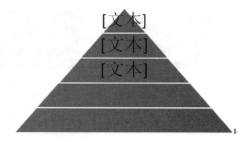

图 3 - 6 - 2

（4）单击【设计】|【SmartArt 样式】|【三维】选择"嵌入"，如图 3 - 6 - 3 所示。

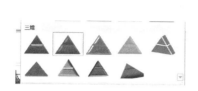

图 3 – 6 – 3

（5）分别在 SmartArt 对应的形状里输入文字"自我实现，尊重需要，社交需要，安定需要，生理需要"。选择所有文字，设置字体格式为"宋体（正文），14 磅，白色，加粗"，如图 3 – 6 – 4 所示。

（6）选择 SmartArt 图形，单击【设计】｜【SmartArt 样式】｜【更改颜色】，设置为"彩色，强调文字颜色 3 至 4"，如图 3 – 6 – 5 所示。

图 3 – 6 – 4   图 3 – 6 – 5

（7）最终效果如图 3 – 6 – 6 所示。

图 3 – 6 – 6

项目训练

项目 1

新建 Word 文档，命名为"3－6－1.docx"，按要求完成如下操作，效果如图 3－6－7 所示：

（1）插入 SmartArt 图形"文本循环"，删除一个形状。

（2）更改图形颜色为"彩色范围—强调文字颜色 3 至 4"，图形样式为"强烈效果"。

（3）在对应文本框内输入图 3－6－7 中所示文字，字号设置为"16 磅"（文本框中括号为英文符号）。

项目 2

新建 Word 文档，命名为"3－6－2.docx"，按要求完成如下操作，效果如图 3－6－8 所示：

（1）插入 SmartArt 图形"基本射线图"，添加 3 个形状。

（2）更改图形颜色为"彩色范围—强调文字颜色 4 至 5"，图形样式为"强烈效果"。

（3）在对应文本框内输入图 3－6－8 中文字，字号设置为"16 磅"。

自由园地

1．新建 Word 文档，命名为"3－6－3.docx"，应用所学知识，完成以下三个 Smart-Art 图形，参考效果如图 3－6－9、图 3－6－10、图 3－6－11 所示。

图 3－6－7

图 3－6－8

图 3－6－9

图 3－6－10

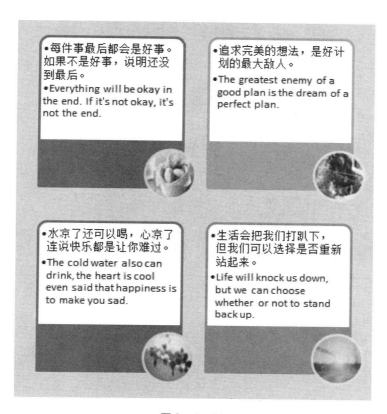

图 3 - 6 - 11

2. 新建 Word 文档，命名为"3 - 6 - 4. docx"，按要求完成如下操作：

（1）利用 SmartArt，制作两个层次结构图，效果如图 3 - 6 - 12、图 3 - 6 - 13 所示。

（2）图形颜色和大小可根据自己的喜好进行调整。

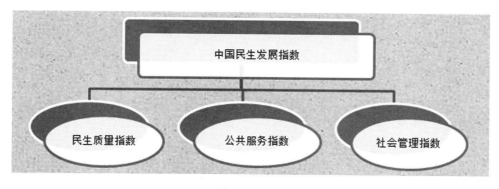

图 3 - 6 - 12

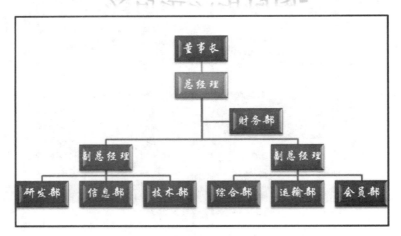

图 3 - 6 - 13

案例 7　公司小报——首字下沉与分栏

 任务描述

　　小芳在做 Word 排版时，遇到一些困难，不知如何对段落进行首字下沉的设置，我们一起来帮帮她吧。

 练习要点

- 首字下沉
- 分栏设置

 操作步骤

　　（1）新建一个 Word 文档，单击【文件】｜【保存】命令，以文件名"首字下沉与分栏 . docx"存于练习文件夹中。

　　（2）单击【页面布局】｜【纸张方向】，纸张方向设置为"横向"，如图 3 - 7 - 1 所示。

　　（3）在 Word 文档中输入如图 3 - 7 - 2 所示文字。

图 3 - 7 - 1

科源有限公司创办一周年以来，在广大员工精心呵护下，正越来越兴旺的发展起来。一周年，是蓬勃向上的年龄，是茁壮成长前途无量的年龄，也是走向成熟发展的年龄。越过曲曲折折沟沟坎坎的困难时期，凭风华正茂的年龄，凭公司各级领导的正确决策，凭公司领导积累的成熟经验和认真负责的精神，再加上我们吃苦耐劳的精神，任何摆在我们面前的困难都将被我们战胜。

目前我公司形势大好，任务比较饱满，在当今激烈竞争的情况下，我们单位有今天的氛围，也说明了我们公司的领导集体精力充沛，能把握住形势，拓展为了，在我们公司条件和情况相当艰苦的环境中，能够战胜困难，度过到今天这个地步，实乃不易，这充分体现了我们公司领导集体的聪明智慧，我们公司领导是有战斗力的，我们广大员工，在这样的领导下是有信心的。

放眼当前，我们公司领导比任何时候都切合实际，非常务实，随着形势的好转，我公司领导越来越注重人性化管理。我们现有这样好的公司领导，有现在公司来之不易的大好形势，我们要珍惜今天，放眼明天，公司上下团结一致，同舟共济，把公司建设地更美好。美好的曙光就在前面。

最后在公司成立一周年之际，祝公司兴旺发达。

图 3 - 7 - 2

（4）单击【插入】|【艺术字】，将以下文字输入"文本框"中，如图 3 - 7 - 3 所示。

热烈庆祝科源有限公司成立一周年.

图 3 - 7 - 3

（5）选择正文，单击【页面布局】|【分栏】|【更多分栏】，选择"两栏"，如图 3 - 7 - 4 所示。

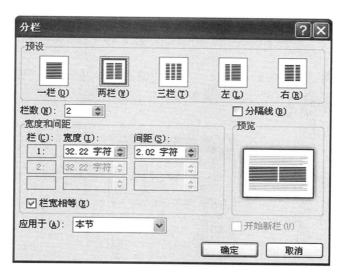

图 3 - 7 - 4

（6）单击【插入】｜【形状】｜【星与旗帜】，插入"前凸带形"，如图 3-7-5 所示。

（7）添加艺术字"keyuan"与"前凸带形"组合，如图 3-7-6 所示。

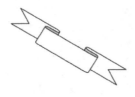

图 3-7-5   图 3-7-6

（8）对正文第一段设置首字下沉，单击【插入】｜【首字下沉】｜【首字下沉选项】，"字体"设置为"隶书"，"下沉"2 行，如图 3-7-7 所示。

（9）对正文第二段的前两个字设置下沉效果，单击【插入】｜【首字下沉】｜【首字下沉选项】，"字体"设置为"隶书"，"下沉"3 行，"距正文"0.2 厘米，如图 3-7-8 所示。

图 3-7-7   图 3-7-8

（10）对正文第三段设置首字下沉，单击【插入】｜【首字下沉】｜【首字下沉选项】，位置设置为"悬挂"，"字体"设置为"华文行楷"，"下沉"3 行，如图 3-7-9 所示。

图 3-7-9

（11）在正文插入素材图片，设置图片"自动换行"方式为"四周环绕型"。文档最终效果如图 3 – 7 – 10 所示。

图 3 – 7 – 10

 项目训练

项目 1

新建 Word 文档，命名为"3 – 7 – 1. docx"，按要求完成如下操作：
（1）输入图 3 – 7 – 11 中的文字，首行缩进 2 字符，行距 17 磅。
（2）将"澳门"两字设置为"首字下沉"效果，下沉字体设置为"华文彩云"，下沉 2 行，距正文 0.1 厘米。

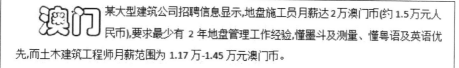

图 3 – 7 – 11

项目 2

新建 Word 文档，命名为"3 – 7 – 2. docx"，按要求完成如下操作：
（1）输入图 3 – 7 – 12 中的文字，段落格式设置为"首行缩进 2 字符，行间距 1.4 倍"，页面背景设置为"白色大理石"效果。
（2）将"对"字设置为"首字下沉"效果，下沉字体设置为"华文彩云"，下沉 2 行，距正文 1 厘米。

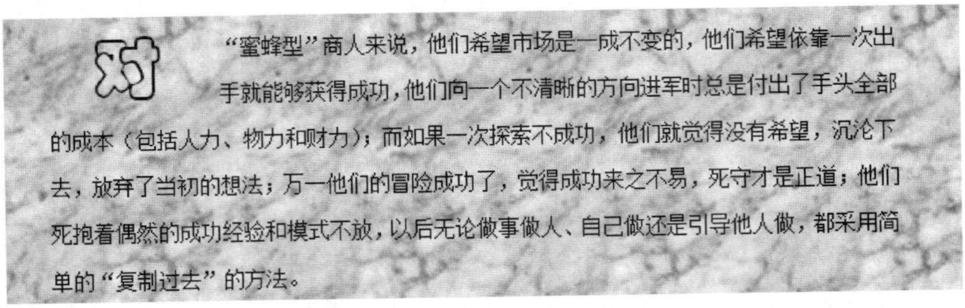

"蜜蜂型"商人来说，他们希望市场是一成不变的，他们希望依靠一次出手就能够获得成功，他们向一个不清晰的方向进军时总是付出了手头全部的成本（包括人力、物力和财力）；而如果一次探索不成功，他们就觉得没有希望，沉沦下去，放弃了当初的想法；万一他们的冒险成功了，觉得成功来之不易，死守才是正道；他们死抱着偶然的成功经验和模式不放，以后无论做事做人、自己做还是引导他人做，都采用简单的"复制过去"的方法。

图 3 - 7 - 12

 自由园地

1. 打开"马克·吐温.docx"文档，按要求完成如下操作：

（1）参照效果图，运用首字下沉、分栏、底纹等命令完成 Word 排版。

（2）在合适的位置插入相应的脚注和尾注，参考效果如图 3 - 7 - 13 所示。

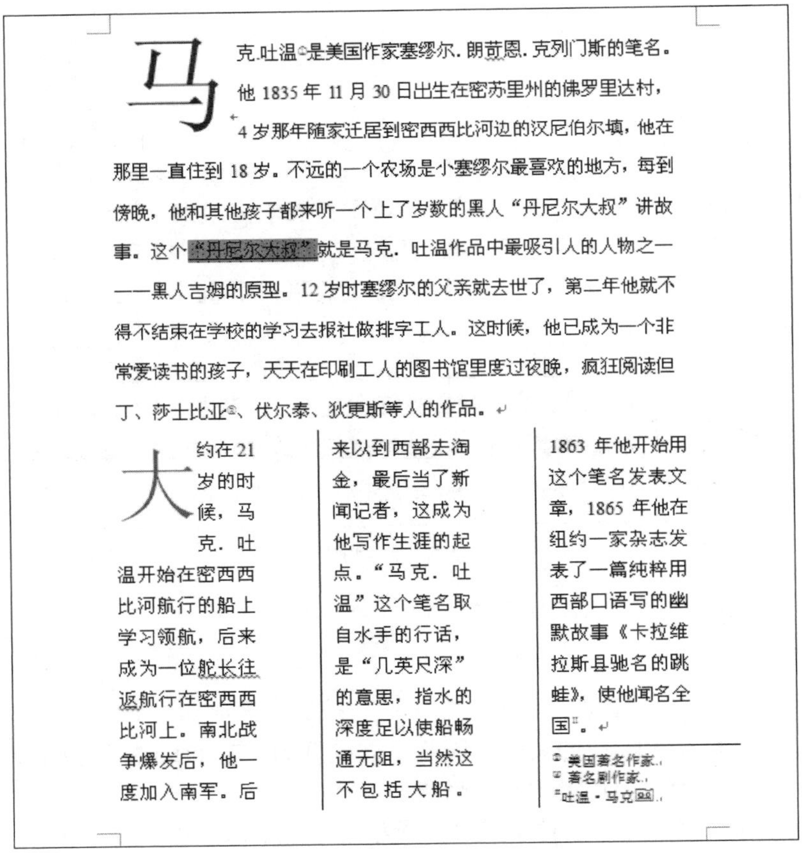

马克.吐温😊是美国作家塞缪尔.朗苛恩.克列门斯的笔名。他 1835 年 11 月 30 日出生在密苏里州的佛罗里达村，4 岁那年随家迁居到密西西比河边的汉尼伯尔填，他在那里一直住到 18 岁。不远的一个农场是小塞缪尔最喜欢的地方，每到傍晚，他和其他孩子都来听一个上了岁数的黑人"丹尼尔大叔"讲故事。这个"丹尼尔大叔"就是马克.吐温作品中最吸引人的人物之一——黑人吉姆的原型。12 岁时塞缪尔的父亲就去世了，第二年他就不得不结束在学校的学习去报社做排字工人。这时候，他已成为一个非常爱读书的孩子，天天在印刷工人的图书馆里度过夜晚，疯狂阅读但丁、莎士比亚②、伏尔泰、狄更斯等人的作品。

大约在 21 岁的时候，马克.吐温开始在密西西比河航行的船上学习领航，后来成为一位舵长往返航行在密西西比河上。南北战争爆发后，他一度加入南军。后

来以到西部去淘金，最后当了新闻记者，这成为他写作生涯的起点。"马克.吐温"这个笔名取自水手的行话，是"几英尺深"的意思，指水的深度足以使船畅通无阻，当然这不包括大船。

1863 年他开始用这个笔名发表文章，1865 年他在纽约一家杂志发表了一篇纯粹用西部口语写的幽默故事《卡拉维拉斯县驰名的跳蛙》，使他闻名全国¹。

① 美国著名作家。
② 著名剧作家。
¹ 吐温·马克🔲

图 3 - 7 - 13

第三章　Word 文字处理

2. 打开"歌曲演唱专辑 .docx"，对文档进行排版，参考效果如图 3 – 7 – 14、图 3 – 7 – 15 所示。可根据个人喜好进行适当调整。

图 3 – 7 – 14

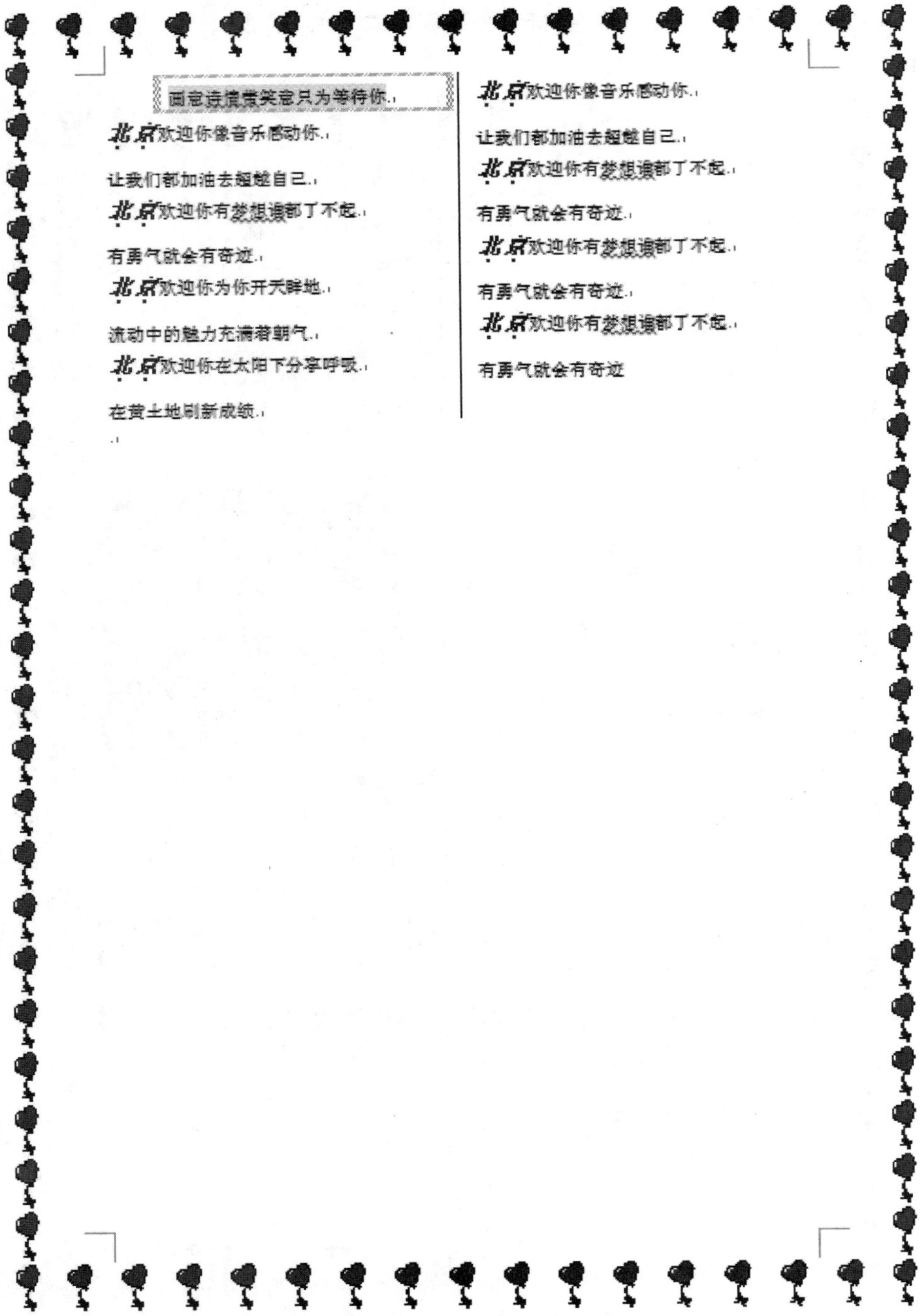

固定诗情赏笑意只为等待你

北京欢迎你像音乐感动你

让我们都加油去超越自己

北京欢迎你有梦想谁都了不起

有勇气就会有奇迹

北京欢迎你为你开天辟地

流动中的魅力充满着朝气

北京欢迎你在太阳下分享呼吸

在黄土地刷新成绩

北京欢迎你像音乐感动你

让我们都加油去超越自己

北京欢迎你有梦想谁都了不起

有勇气就会有奇迹

北京欢迎你有梦想谁都了不起

有勇气就会有奇迹

北京欢迎你有梦想谁都了不起

有勇气就会有奇迹

图 3 −7 −15

案例 8　VIP 卡——文本框

 任务描述

　　小芳开了个格子铺，她想把经常光顾的同学升级为 VIP，于是她打算用 Word 制作 VIP 卡。制作了好几个版本，她都不太满意，我们一起帮帮她吧。

 练习要点

- 添加文本框
- 文本框轮廓
- 文本框填充色
- 自动换行方式

 操作步骤

　　(1) 新建一个 Word 文档，单击【文件】|【保存】命令，以文件名"VIP 卡 .docx"存于练习文件夹中。

　　(2) 设置页面大小：宽 13 厘米，高 8 厘米；页边距：上下左右均为 0；页面背景为双色填充"颜色 1：橙色，颜色 2：黄色"。

　　(3) 在页面左上角【插入】|【文本框】，输入文字"—环球当铺—"，设置字体格式为"黑体，五号，深红色"。

　　(4) 在页面右下角【插入】|【文本框】，输入文字"NO. 编号"，设置字体格式为"黑体，四号，褐色"。

　　(5) 在页面中间【插入】|【艺术字】，输入文字"VIP"，效果如图 3 - 8 - 1 所示。

图 3 - 8 - 1

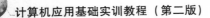

（6）在"VIP"页面后插入一个空白页。在空白页插入一个"矩形"，"矩形"轮廓、填充色设置为"白色"，自动换行方式设置为"衬于文字下方"，并按照效果图插入文本框，并输入对应文字，设置对应效果。如图 3－8－2 所示。

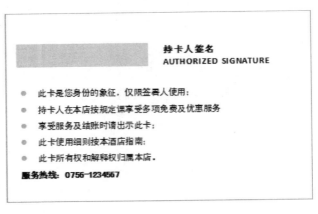

图 3－8－2

 项目训练

项目 1

新建 Word 文档，命名为"3－8－1.docx"，做出属于自己的银行卡，效果如图 3－8－3 所示，可自由发挥。

图 3－8－3

项目 2

打开"旅游小贴士.docx"，按要求完成如下操作，效果如图 3－8－4 所示：

（1）设置纸张方向为"横向"。

（2）插入"背景素材"图片，设置图片样式为"映像圆角矩形"，调整大小和位置。

（3）插入文本框，复制/粘贴相应的文字，标题文字格式为"宋体，小四，加粗，居中"，调整正文文字格式、行距，并添加黄色五角星符号。

（4）设置文本框样式为"橙色，强调文字颜色6填充；'双线'复合型轮廓"，宽高分别为9.98厘米和9.64厘米，移至合适的位置。

（5）插入形状，参考效果图，运用形状的"格式"选项卡完成形状的绘制。

图 3 - 8 - 4

项目 3

新建 Word 文档，命名为"3 - 8 - 2. docx"，按要求完成如下操作：

（1）制作底纹，效果如图 3 - 8 - 5 所示。

a. 画大"矩形"（高20厘米，宽11厘米），颜色（红255，绿204，蓝255）。

b. 渐变填充的矩形（高3.03厘米，宽11厘米）颜色为"白色和浅粉色垂直渐变"（线性向左或右）。

c. 两个颜色为褐色和小矩形（高0.28厘米，宽2.54厘米；高0.28厘米，4.76厘米）。

d. 灰色直线长度：9.21厘米，粗细：0.75磅。

e. 用"插入形状——任意多边形"绘图工具绘制的两个任意多边形（白色、褐色）。

（2）插入手机图片并制作封底文字。效果如图3-8-6所示：

a. 插入手机标志图片，清除背景，调整大小。

b. 输入文字"炫酷全能王cookies"，思考"全"字应用什么样的格式。

c. 插入竖排文本框和横排文本框，输入文字，按要求排版。

d. 插入三张手机图片，调整图片之间的距离，制作倒影（垂直翻转、冲蚀）。

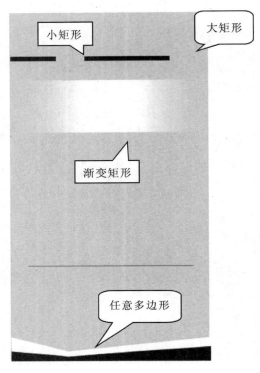

图3-8-5

图3-8-6

 自由园地

新建Word文档，命名为"新闻排版1.docx"，按要求完成如下操作：

（1）参考下列新闻版面，利用本节所学文本框内容，制作一个新闻版面。

（2）要求1页，效果如图3-8-7、图3-8-8所示，页面样式任选其一，页面布局可根据个人喜好做适当调整。

国家卫计委回应"去年22省份一共收到169亿抚养费"报道

社会抚养费全额上交国库

南方日报讯 国家卫生计生委新闻发言人邓海华 10 日在例行新闻发布会上回应"去年 22 省份一共收到了 169 亿的抚养费"这一报道时表示，社会抚养费征收以后全额纳入地方财政的预算管理，收支两条线，收上来以后全额上交国库。

筒仁山 作

169亿超生罚款

国库

www.nf.daily.cn

邓海华称，社会抚养费的征收是有法可依的，根据《中华人民共和国人口与计划生育法》，以及国务院颁布的《社会抚养费征收管理办法》都对征收社会抚养费，包括它的基本标准、征收主体、征收原则、经费管理以及相关的法律责任进行了明确的规定，而且授权给各省市自治区人民政府制定抚养费的具体征收标准。**钟欣**

回应"郑州精神病指标摊派"：

既不科学也不合要求

据新华社北京 10 月 10 日电 针对有关郑州向社区摊派、强制按照 2‰的指标寻找重性精神病患者之说，邓海华表示，将重性精神疾病患者发现和报告的任务简单摊派分解到社区的做法既不科学也不符合相关要求。

根据 1993 年全国精神疾病流行病学的调查结果，我国 15 岁以上的人口中精神疾患患病率为 13.47‰，其中精神分裂症为主的重性精神疾病的患病率为 9.66‰。据专家介绍，由于重性精神疾病的发病与遗传等生物学因素关系比较密切，人群中存在一定的数量。随着生活条件改善，人口寿命的延长，患者人数也会相应增加。如果不能及时发现患者进行有效治疗和管理，有 10%的重性精神疾患可能出现肇祸、肇事的行为。**钟欣**

图 3 – 8 – 7

人民日报
社会版

习近平在青岛黄岛经济开发区
考察输油管线泄漏引发爆燃事
故抢险工作时强调

第 1 卷，第 1 期

2013.11.25

本期内容

夜访安龙村

认真吸取教训注重举一反三

伊核问题对话会

中国出境游消费领先世界

科普，只有"浏览"远远不够

白塔夕照

特别兴趣点：

- 一厂出事故、万厂
  受教育。
- 一地有隐患、全国
  受警示。
- 强化安全责任，改
  进安全监管，落实
  防范措施。
- 全覆盖、零容忍、
  严执法、重实效。

认真吸取教训注重举一反三全面加强安全生产工作

新华社济南11月24日电 中共中央总书记、国家主席、中央军委主席习近平 11 月 24 日来到山东考察贯彻落实党的十八届三中全会精神、做好经济社会发展工作，下午专程来到青岛市，考察黄岛经济开发区黄潍输油管线事故抢险工作。他强调，这次事故再一次给我们敲响了警钟，安全生产必须警钟长鸣、常抓不懈，丝毫放松不得，否则就会给国家和人民带来不可挽回的损失。必须建立健全安全生产责任体系，强化企业主体责任，深化安全生产大检查，认真吸取教训，注重举一反三，全面加强安全生产工作。

11 月 22 日上午，山东青岛黄岛经济开发区中石化黄潍输油管线泄漏引发重大爆燃事故，造成人民群众生命财产重大损失。习近平得知消息后，立即作出批示，要求山东省和有关部门、企业组织力量排除险情，千方百计搜救失踪、受伤人员，并查明事故原因，总结事故教训，落实安全生产强化安全生产措施，坚决杜绝此类事故，并要求国务院立即派出领导责任，前往指导抢险搜救工作。

习近平强调安全生产

习近平指出，安全生产，要坚持防患于未然。要继续开展安全生产大检查，做到"全覆盖、零容忍、严执法、重实效"。要采用不发通知、不打招呼、不听汇报、不用陪同和接待，直奔基层、直插现场，暗查暗访，特别是要深入查地下油气管网这样的隐蔽致灾隐患。要加大隐患整改治理力度，建立安全生产检查作责任制，实行谁检查、谁签字、谁负责，做到不打折扣、不留死角、不走过场，务必见到成效。

图 3 - 8 - 8

案例 9　入学登记表——表格格式

任务描述

开学时，李老师电脑里的文件离奇丢失，正赶上需要使用"入学登记表"。可是，表格格式如何设置却让李老师犯难了，我们一起去帮她解决吧。

练习要点

- 表格边框底纹
- 行高列宽
- 单元格对齐
- 合并拆分单元格

操作步骤

（1）启动 Word 2010，单击【文件】|【保存】命令，以文件名"入学登记表. docx"存于练习文件夹中。

（2）在 Word 文档中插入一个 7 行 7 列的表格，操作步骤如图 3 - 9 - 1 所示。

图 3 - 9 - 1

（3）单击【表格】|【表格工具】|【布局】，设置表格行高为 0.7 厘米，列宽为 2.7 厘米，在表格内输入文字，效果如图 3 - 9 - 2 所示。

姓名		性别		出生日期		照片
曾用名		民族		家庭出身		
毕业学校				政治面貌		
籍贯				健康状况		
家庭住址						
身份证号码						
入学成绩						

图 3 - 9 - 2

（4）选择最后一列的前4个单元格，单击【表格】┃【表格工具】┃【布局】┃
【合并单元格】，设置文字对齐方式为"水平居中"，文字方向为"垂直"。

（5）选择"入学成绩"行第2～6单元格，单击【表格】┃【表格工具】┃【布
局】┃【拆分单元格】，拆分为8列2行。

（6）设置表格的外边框为"单实线"，线宽1.5磅，设置方式如图3－9－3所示。

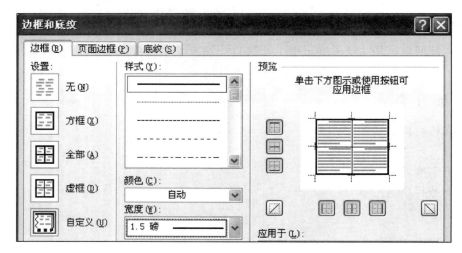

图3－9－3

（7）设置字体为"宋体，五号，加粗"，对齐方式为"中部两端对齐"，效果如图
3－9－4所示。

姓名		性别		出生日期		照片
曾用名		名族		家庭出身		
毕业学校				政治面貌		
籍贯				健康状况		
家庭住址						
身份证号码						
入学成绩	数学	语文	英语	政治	物理	化学	体育	总分

图3－9－4

（8）设置第6行下方的横线为"双线"样式，线宽0.5磅，设置方法如图3－9－5
所示。

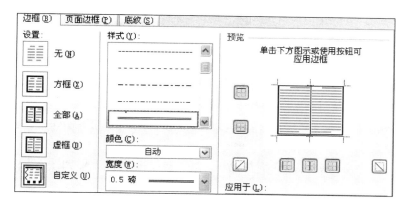

图 3 - 9 - 5

（9）设置表格右下角单元格底纹颜色为"白色，背景 1，深色 15%"，设置方法如图 3 - 9 - 6 所示。

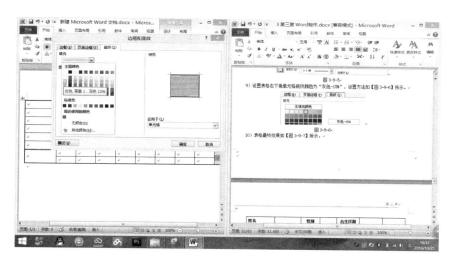

图 3 - 9 - 6

（10）表格最终效果如图 3 - 9 - 7 所示。

姓名		性别		出生日期				照片
曾用名		民族		家庭出身				
毕业学校				政治面貌				
籍贯				健康状况				
家庭住址								
身份证号码								
入学成绩	数学	语文	英语	政治	物理	化学	体育	总分

图 3 - 9 - 7

项目训练

项目 1

新建 Word 文档，命名为"3 – 9 – 1. docx"，按要求完成如下操作：

（1）页面大小：A5，横向。

（2）插入 1 个空白页面，分别在第 1、2 页制作表格，效果如图 3 – 9 – 8、图 3 – 9 – 9 所示。

收文日期		来文机关	来文原号	秘密性质	件数	文件标题或事由	编号	处理情况	归档号	备注
月	日									
收文机关：						收文人员签字：				

图 3 – 9 – 8

图 3 – 9 – 9

项目 2

新建 Word 文档，命名为"3 – 9 – 2. docx"，按要求完成如下操作，效果如图 3 – 9 – 10 所示：

（1）页面大小：宽 18 厘米，高 21 厘米。

（2）表格内外边框：黑色，0.5 磅；表格中汉字字体：宋体，五号，黑色；表格中英文字体：Calibri（西文正文），五号，深蓝色；底纹：表格第二列填充深蓝色。

图 3 - 9 - 10

（3）思考：为表格添加阴影效果，如下图所示。（提示：文本框中插入表格，对文本框添加阴影。）

（4）图片格式：左侧图片宽 7 厘米，图片样式（矩形投影）。

 自由园地

新建 Word 文档，命名为 "×××个人简历.docx"，按要求完成如下操作：

（1）参考下列个人简历的模板，自己制作一个个人简历。

（2）要求 2 页，封面加正文，页面内容根据自己的特点和喜欢进行设置，参考效果如图 3 - 9 - 11、图 3 - 9 - 12、图 3 - 9 - 13 所示。

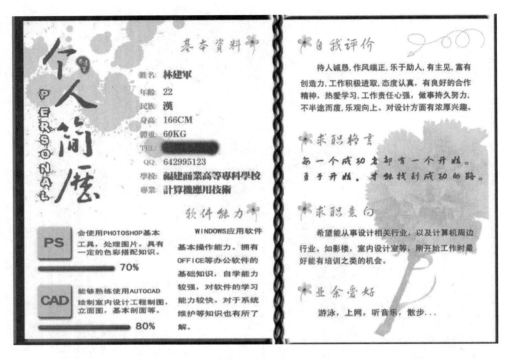

图 3 – 9 – 11

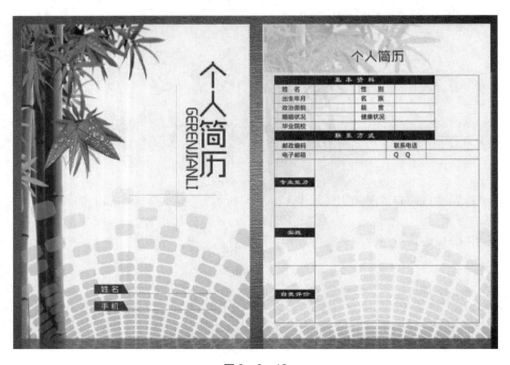

图 3 – 9 – 12

图 3 - 9 - 13

案例 10 比赛评分表——函数计算与排序

任务描述

校内技能大赛，小芳负责比赛登分，需要制作一个电子版的比赛评分表。可是，运用 Word 进行数据计算，小芳有点犯愁了，我们一起来帮帮她吧。

练习要点

- 函数计算
- MAX 函数
- MIN 函数
- SUM 函数

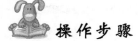 **操作步骤**

（1）新建一个 Word 文档，单击【文件】∣【保存】命令，以文件名"比赛评分表.docx"存于练习文件夹中。

（2）在文档中插入艺术字，效果如图 3-10-1 所示。

图 3-10-1

（3）插入一个 10 列 7 行的表格，设置表格的行高为"1 厘米"，列宽为"1.2 厘米"，合并单元格，效果如图 3-10-2 所示。

↵	↵						↵	↵	↵
	↵	↵	↵	↵	↵	↵			
↵	↵	↵	↵	↵	↵	↵	↵	↵	↵
↵	↵	↵	↵	↵	↵	↵	↵	↵	↵
↵	↵	↵	↵	↵	↵	↵	↵	↵	↵
↵	↵	↵	↵	↵	↵	↵	↵	↵	↵

图 3-10-2

（4）在表格中输入文字，内容如图 3-10-3 所示。

选手姓名	评委评分						最高分	最低分	总得分
	评委	评委	评委	评委	评委	评委	↵	↵	↵
李红	7.8	7.9	8.3	7.7	7.6	8.5	↵	↵	↵
王阳	8.1	8.9	9.2	9.1	8.8	8.3	↵	↵	↵
曹璟	9.1	9.0	9.3	9.1	9.2	9.2	↵	↵	↵
云飞	9.3	9..6	9.4	9.5	9.2	9.0	↵	↵	↵
陈红	9.2	9.9	9.6	9.7	9.4	9.5	↵	↵	↵

图 3-10-3

（5）选择要输出计算结果的单元格，单击【数据】｜【公式】，在【粘贴函数】中选择所需函数，在【公式】中输入需要计算的数据范围，可计算出选手"最高分、最低分和总得分"，计算方法如图 3 - 10 - 4 所示。

图 3 - 10 - 4

　　注：MAX 函数可计算最大值，MIN 函数可计算最小值，SUM 函数可计算出所有数值之和。

（6）数据最后结果如图 3 - 10 - 5 所示。

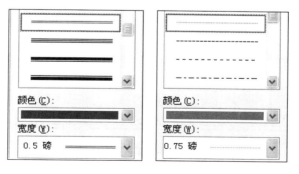

选手姓名	评委评分						最高分	最低分	总得分
	评委	评委	评委	评委	评委	评委			
李红	7.8	7.9	8.3	7.7	7.6	8.5	8.5	7.6	7.93
王阳	8.1	8.9	9.2	9.1	8.8	8.3	9.2	8.1	8.77
曹瑾	9.1	9.0	9.3	9.1	9.2	9.2	9.3	9	9.15
云飞	9.3	9..6	9.4	9.5	9.2	9.0	9.6	9	9.35
陈红	9.2	9.9	9.6	9.7	9.4	9.5	9.9	9.2	9.55

图 3 - 10 - 5

（7）设置表格边框线，外边框为"红色，双线，0.5 磅"，内边框为"灰色，虚线，0.75 磅"，设置方法如图 3 - 10 - 6 所示。

图 3 - 10 - 6

（8）最终效果，如图 3 - 10 - 7 所示。

选手姓名	评委评分						最高分	最低分	总得分
	评委	评委	评委	评委	评委	评委			
李红	7.8	7.9	8.3	7.7	7.6	8.5	8.5	7.6	7.93
王阳	8.1	8.5	9.2	9.1	8.8	8.5	9.2	8.1	8.77
曹瑾	9.1	9.0	9.3	9.1	9.2	9.2	9.3	9	9.15
云飞	9.3	9.6	9.4	9.5	9.2	9.0	9.6	9	9.35
陈红	9.2	9.9	9.6	9.7	9.4	9.5	9.9	9.2	9.55

图 3 - 10 - 7

 项目训练

项目 1

新建 Word 文档，命名为"3 - 10 - 1. docx"，按要求完成如下操作：

（1）插入一个 6 行 5 列的表格，在表格中输入如图 3 - 10 - 8 所示文字，根据内容自动调整表格。

（2）表格中数据字体格式设置为"五号，楷体"，水平垂直方向均设置为居中效果。

（3）外边框设置为"双实线，2.25 磅，淡蓝色"，内边框设置为"单实线，0.5 磅，深红色"，效果如图 3 - 10 - 8 所示。

产品名称	一月产量 / 万台	二月产量 / 万台	三月产量 / 万台	合计 / 万台
CD-ROM	6.2	6.4	6.9	
软驱	5.4	5.9	6.8	
键盘	14.6	15.8	18.6	
鼠标	20.2	22.3	28.9	
平均值产量 / 万台				

图 3 - 10 - 8

（4）利用公式分别在对应位置计算出每月产品的平均值和各类产品总的销量，效果如图 3 - 10 - 9 所示。

产品名称	一月产量/万台	二月产量/万台	三月产量/万台	合计/万台
CD-ROM	6.2	6.4	6.9	19.5
软驱	5.4	5.9	6.8	18.1
键盘	14.6	15.8	18.6	49
鼠标	20.2	22.3	28.9	71.4
平均值产量/万台	11.6	12.6	15.3	

图 3 – 10 – 9

项目 2

新建 Word 文档，命名为"3 – 10 – 2. docx"，按要求完成如下操作：

（1）如图 3 – 10 – 10 所示，插入表格，在表格中输入所需文字。

产品名称	产量/万台			合计/万台
	一月	二月	三月	
CD – ROM	6.2	6.4	6.9	
软驱	5.4	5.9	6.8	
键盘	14.6	15.8	18.6	
鼠标	20.2	22.3	28.9	

图 3 – 10 – 10

（2）表格中第 1、2 行文字水平、垂直居中，其余各行文字，第 1 列文字左对齐，其余各列文字右对齐；设置表格列宽为 2.8 厘米、行高 16 磅；表格文字设置为五号仿宋_ GB2312；合并第 1、2 行第 1 列单元格，合并第 1 行第 2、3、4 列单元格，合并第 1、2 行第 5 列单元格。

（3）在"合计/万元"列表的相应单元格中，用公式计算一季度各产品的合计数量；设置外框线为 3 磅蓝色双实线，内框线为 0.75 磅红色、强调文字颜色 2 的单实线，第 2、3 行间的内框线为 1.5 磅绿色单实线；设置表格第 1、2 行的底纹为茶色、背景 2、深色 25%，效果如图 3 – 10 – 11 所示。

产品名称	产量/万台			合计/万台
	一月	二月	三月	
CD-ROM	6.2	6.4	6.9	
软驱	5.4	5.9	6.8	
键盘	14.6	15.8	18.6	
鼠标	20.2	22.3	28.9	

图 3 – 10 – 11

自由园地

新建 Word 文档，命名为"3 – 10 – 3. docx"，按要求完成如下操作：

（1）参考下列学生成绩表，制作一个 7 行 6 列的表格，并用公式计算出每个学生的总分数和每门课程的平均分数。

（2）要求用不同的填充色标识出每门课程的最高分和最低分，表格边框样式和内部填充色可根据自己的喜好进行适当调整，参考效果如图 3 – 10 – 12 所示。

	数学	语文	英语	体育	总分
张三	78	67	45	83	273
李四	98	92	87	84	361
王五	67	86	67	67	287
赵六	56	58	85	78	277
钱七	89	76	64	94	323
平均分	77.6	75.8	69.6	81.2	

图 3 – 10 – 12

第四章　Excel 电子表格

案例1　美化销售报表——格式化工作表

 任务描述

现在我们有一份"某商场9月份商品销售统计表"，但看起来太单调了。我们如何把它美化一下？下面让我们一起来操作一下。

 练习要点

- 设置文字格式
- 设置单元格边框
- 设置单元格底纹
- 调整列宽和行高

 操作步骤

（1）打开"商品销售统计表.xlsx"，将表格标题使用"合并后居中"命令进行设置，并将标题行设置为字体：隶书，字号：18，其他的为字体：宋体，字号：12，对齐方式为：垂直水平居中，如图4-1-1所示。

	A	B	C	D	E
1	某商场9月份商品销售统计表				
2	商品编号	商品名称	销售量	单价(元)	利润(元)
3	1	电冰箱	300	1500	4500
4	2	彩电	500	2000	6000
5	3	电风扇	150	120	180
6	4	微波炉	600	560	7000
7	5	手机	1200	1600	13000
8	6	PC机	4000	6000	80000
9	7	油烟机	500	3000	60000
10	8	洗衣机	400	3400	50000

图4-1-1

（2）设置表格的外框线为粗黑线，内部用黑细线，如图4－1－2所示。

某商场9月份商品销售统计表				
商品编号	商品名称	销售量	单价(元)	利润(元)
1	电冰箱	300	1500	4500
2	彩电	500	2000	6000
3	电风扇	150	120	180
4	微波炉	600	560	7000
5	手机	1200	1600	13000
6	PC机	4000	6000	80000
7	油烟机	500	3000	60000
8	洗衣机	400	3400	50000

图4－1－2

（3）给表格添加底纹，底纹颜色为：浅绿色，如图4－1－3所示。

某商场9月份商品销售统计表				
商品编号	商品名称	销售量	单价(元)	利润(元)
1	电冰箱	300	1500	4500
2	彩电	500	2000	6000
3	电风扇	150	120	180
4	微波炉	600	560	7000
5	手机	1200	1600	13000
6	PC机	4000	6000	80000
7	油烟机	500	3000	60000
8	洗衣机	400	3400	50000

图4－1－3

（4）调整表格的行高和列宽，列宽统一为11，第一行行高为30，其他行的行高为18，如图4－1－4所示。

某商场9月份商品销售统计表				
商品编号	商品名称	销售量	单价(元)	利润(元)
1	电冰箱	300	1500	4500
2	彩电	500	2000	6000
3	电风扇	150	120	180
4	微波炉	600	560	7000
5	手机	1200	1600	13000
6	PC机	4000	6000	80000
7	油烟机	500	3000	60000
8	洗衣机	400	3400	50000

图4－1－4

 **项目训练**

项目 1

打开"物资采购登记表.xlsx"，按要求完成如下操作：

（1）对单元格区域 A1：F1 进行跨列居中。

（2）标题格式设置为：字体：黑体，字号：18，加粗。

（3）对 A2：F6 单元格区域进行"垂直居中"和"居中"设置。

（4）A3：C6 设置单元格格式为：文本，D3：D6 设置单元格格式为：日期，例如"2012 年 9 月 10 日"，E3：F6 设置单元格格式为"货币"，小数位数为"1"，货币符号为"无"。

（5）调整各列为合适的列宽，第一行行高为"30"，第 2～6 行行高为"18"。

（6）对 A2：F6 单元格区域套用表格样式为"表样式中等深浅 3"，效果如图 4 - 1 - 5 所示。

产品编号	产品名称	数量	采购日期	进货单价	零售单价
			物资采购登记表		
QW01	纯牛奶	20箱	2012年9月10日	55.0	62.0
QW02	可口可乐	50件	2012年9月12日	30.0	35.0
QW03	雪碧	40件	2012年9月15日	30.0	35.0
QW04	营养快线	40箱	2012年9月15日	42.5	45.0

图 4 - 1 - 5

项目 2

打开"学生成绩表.xlsx"，按要求完成如下操作：

（1）对单元格区域 A1：J1 进行合并居中。

（2）标题格式设置为：字体：宋体，字号：20，给第 1、2 行调整适当的行高。

（3）第二行数据填充"浅绿色"底纹，字体加粗。

（4）所有数据垂直和水平居中。

（5）给表格数据添加浅蓝色，双线的外框线，操作效果如图 4 - 1 - 6 所示；红色，虚线的内框线，操作效果如图 4 - 1 - 7 所示。

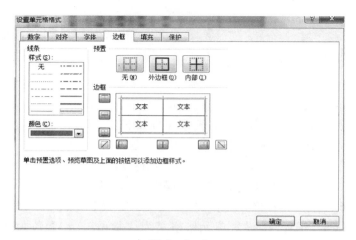

图 4－1－6

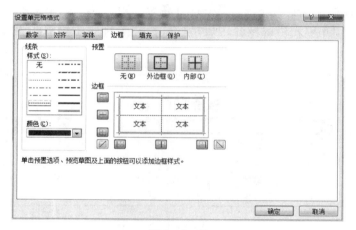

图 4－1－7

（6）最终效果如图 4－1－8 所示。

序号	姓名	性别	语文	数学	英语	计算机	总分	平均分
				学生成绩表				
1	陈喜	女	72	47	73	50		
2	陈红	女	71	76	59	76		
3	何振华	男	73	66	86	85		
4	孙景	男	69	75	78	90		
5	沈康	男	67	55	61	79		
6	沈小召	男	72	77	66	76		
7	严小坡	男	70	51	69	66		
8	张垐	男	71	62	55	36		
9	刘宇宙	男	76	86	76	80		
10	黄伟国	男	64	83	60	76		
11	王慎	男	75	47	59	66		
12	毕群	女	47	80	62	75		
13	翁丽玲	女	76	84	73	55		
14	周而杨	男	66	65	69	77		
15	朱双辰	男	75	48	56	51		
16	钟玉钏	男	55	81	75	62		
17	韩朝霞	女	77	65	62	75		

图 4－1－8

项目 3

新建文件"学生生活费用统计表.xlsx",录入如图 4 - 1 - 9 所示文字内容并按要求完成如下操作:

(1) 对单元格区域 A1:O1 进行跨列居中。

(2) 标题格式设置为,字体:华文隶书,字号:24,行高:40。

(3) 第 2 行数据格式设置为字体:微软雅黑,字号:10,行高:36,底纹:白色,深色 50%。

(4) 第 3~22 行数据格式设置为,字体:宋体,字号:12,行高:20,底纹:隔行设置白色,深色 25%。

(5) 所有数据垂直和水平居中;对单元格区域 A2:O22 设置外框线。

序号	姓名	性别	伙食费	零食费	学习用具费	娱乐费	化妆与洗涤用品费	通讯费	交通费	礼品费	生活费收入	兼职收入	收入合计	余额
1	闫冠文	男	297	263	45	15	20	20	120	25	500	800		
2	甘雪晴	女	340	137	65	20	30	30	240	0	500	1000		
3	柏杨樱樱	女	329	78	24	43	50	50	55	0	500	1400		
4	鲁磊	男	421	50	37		20	50	65	0	500	1300		
5	周润英	女	327	36	44	43	40	35	79	0	500	750		
6	闵丹	女	568	87	65	43	40	37	80	50	500	750		
7	何津	男	738	200	32	50	35	56	38	80	500	1200		
8	王雯	女	289	159	22	0	26	33	28	0	500	830		
9	陈凯伦	男	467	397	38	30	15	21	50	120	500	800		
10	占彪	男	356	489	64	25	28	65	40	0	500	640		
11	宋同雷	男	489	40	55	127	15	35	39	0	500	780		
12	桂攀	男	379	120	21	20	15	43	75	0	500	780		
13	李立	男	496	70	15	27		24	39	0	500	800		
14	周丹	女	503	20	20	55	24	15	42	0	500	600		
15	朱月迁	女	439	30	37	80	45	80	95	0	500	400		
16	余雅洁	女	328	50	43	45	40	24	128	30	500	400		
17	肖书华	男	395	180	27	35	0	10	240	45	500	600		
18	王慧琼	女	225	320	46	65	20	20	20	60	500	380		
19	鲁欢	男	635	20	12	20	30	15	30	0	500	300		
20	李巧敏	女	210	20	12	20	0	10	58	0	500	400		

标题:第一职教中心学校数控专业二班5月份学生生活费用一览

图 4 - 1 - 9

 自由园地

利用 Excel 软件制作班级课程表,并利用已学知识美化课程表。

案例2 工资表统计——使用公式进行计算

任务描述

某公司现在有一份工资表，以前一直都是手工计算工资的，现在我们应用 Excel 的公式快速地进行工资计算。

练习要点

- 自定义公式的规则
- 公式运算符的应用
- 快速地进行公式的复制

操作步骤

（1）打开"工资表.xlsx"，在单元格 G3 计算员工 001 的应发工资＝基本工资＋绩效考核＋其他，如图 4－2－1 所示。

员工编号	姓名	部门	基本工资	绩效考核	其他	应发工资
				2014年3月员工工资表		
001	洪国武	市场部	2860	1000	200	=D3+E3+F3
002	张军宏	技术部	3000	900	200	
003	刘德名	市场部	2850	980	200	
004	刘乐红	技术部	3100	900	200	
005	洪国林	客户部	3200	1000	200	
006	王小乐	技术部	3200	900	200	
007	张红艳	市场部	3000	1050	200	
008	张武学	市场部	2950	1100	200	
009	张环球	客户部	3320	1000	200	
010	鲁南	客户部	3500	1000	200	
011	郭新航	技术部	3050	900	200	
012	黄伟国	技术部	3100	900	200	
013	汪慎	财务部	3700	1100	200	
014	毕群	技术部	3300	900	200	
015	翁丽玲	客户部	3250	1000	200	
016	周而杨	市场部	3100	1100	200	
017	朱双辰	客户部	3100	1000	200	
018	钟玉钏	技术部	3200	900	200	
019	韩朝霞	财务部	3600	1100	200	
020	黄海锋	技术部	3000	900	200	

图 4－2－1

（2）将单元格 G3 的公式快速填充到其他单元格，操作如图 4 - 2 - 2 所示。

员工编号	姓名	部门	基本工资	绩效考核	其他	应发工资	养老金	住房公积金
				2014年3月员工工资表				
001	洪国武	市场部	2860	1000	200	4060		
002	张军宏	技术部	3000	900	200	4100		
003	刘德名	市场部	2850	980	200	4030		
004	刘乐红	技术部	3100	900	200	4200		
005	洪国林	客户部	3200	1000	200	4400		
006	王小乐	技术部	3200	900	200	4300		
007	张红艳	市场部	3000	1050	200	4250		
008	张武学	市场部	2950	1100	200	4250		
009	张环球	客户部	3320	1000	200	4520		
010	鲁南	客户部	3500	1000	200	4700		
011	郭新航	技术部	3050	900	200	4150		
012	黄伟国	技术部	3100	900	200	4200		
013	汪慎	财务部	3700	1100	200	5000		
014	毕群	技术部	3300	900	200	4400		
015	翁丽玲	客户部	3250	1000	200	4450		
016	周而杨	市场部	3100	1100	200	4400		
017	朱双辰	客户部	3100	1000	200	4300		
018	钟玉钏	技术部	3200	900	200	4300		
019	韩朝霞	财务部	3600	1100	200	4900		
020	黄海锋	技术部	3000	900	200	4100		

○ 复制单元格(C)
○ 仅填充格式(F)
○ 不带格式填充(O)

图 4 - 2 - 2

（3）计算养老金和住房公积金，计算方法为：养老金 = 应发工资 ×8%，住房公积金 = 应发工资 ×10% 。

（4）计算实发工资，实发工资 = 应发工资 - 养老金 - 住房公积金，计算结果如图 4 - 2 - 3 所示。

员工编号	姓名	部门	基本工资	绩效考核	其他	应发工资	养老金	住房公积金	实发工资
					2014年3月员工工资表				
001	洪国武	市场部	2860	1000	200	4060	228.8	286	3545.2
002	张军宏	技术部	3000	900	200	4100	240	300	3560
003	刘德名	市场部	2850	980	200	4030	228	285	3517
004	刘乐红	技术部	3100	900	200	4200	248	310	3642
005	洪国林	客户部	3200	1000	200	4400	256	320	3824
006	王小乐	技术部	3200	900	200	4300	256	320	3724
007	张红艳	市场部	3000	1050	200	4250	240	300	3710
008	张武学	市场部	2950	1100	200	4250	236	295	3719
009	张环球	客户部	3320	1000	200	4520	265.6	332	3922.4
010	鲁南	客户部	3500	1000	200	4700	280	350	4070
011	郭新航	技术部	3050	900	200	4150	244	305	3601
012	黄伟国	技术部	3100	900	200	4200	248	310	3642
013	汪慎	财务部	3700	1100	200	5000	296	370	4334
014	毕群	技术部	3300	900	200	4400	264	330	3806
015	翁丽玲	客户部	3250	1000	200	4450	260	325	3865
016	周而杨	市场部	3100	1100	200	4400	248	310	3842
017	朱双辰	客户部	3100	1000	200	4300	248	310	3742
018	钟玉钏	技术部	3200	900	200	4300	256	320	3724
019	韩朝霞	财务部	3600	1100	200	4900	288	360	4252
020	黄海锋	技术部	3000	900	200	4100	240	300	3560

图 4 - 2 - 3

项 目 训 练

项目1

打开"学生成绩表1.xlsx"，按要求完成如下操作：

（1）计算各学生的总分。操作如图4-2-4所示。

	A	B	C	D	E	F	G	H	J
1					学生成绩表				
2	序号	姓名	性别	语文	数学	英语	计算机	总分	平均分
3	1	陈喜	女	72	47	73		=D3+E3+F3+G3	
4	2	陈红	女	71	76	59	76		
5	3	何振华	男	73	66	86	85		
6	4	孙景	男	69	75	78	90		
7	5	沈康	男	67	55	61	79		
8	6	沈小召	男	72	77	66	76		
9	7	严小坡	男	70	51	69	66		
10	8	张饶	男	71	62	55	36		
11	9	刘宇宙	男	76	86	76	80		
12	10	黄伟国	男	64	83	60	76		
13	11	王慎	男	75	47	59	66		
14	12	毕群	女	47	80	62	75		
15	13	翁丽玲	女	76	84	73	55		
16	14	周而杨	男	66	65	69	77		
17	15	朱双辰	男	75	48	56	51		
18	16	钟玉钏	男	55	81	75	62		
19	17	韩朝霞	女	77	65	62	75		
20									

图4-2-4

（2）计算各学生的平均分，并保留1位小数。最终效果如图4-2-5所示。

	A	B	C	D	E	F	G	H	J
1					学生成绩表				
2	序号	姓名	性别	语文	数学	英语	计算机	总分	平均分
3	1	陈喜	女	72	47	73	50	242	60.5
4	2	陈红	女	71	76	59	76	282	70.5
5	3	何振华	男	73	66	86	85	310	77.5
6	4	孙景	男	69	75	78	90	312	78.0
7	5	沈康	男	67	55	61	79	262	65.5
8	6	沈小召	男	72	77	66	76	291	72.8
9	7	严小坡	男	70	51	69	66	256	64.0
10	8	张饶	男	71	62	55	36	224	56.0
11	9	刘宇宙	男	76	86	76	80	318	79.5
12	10	黄伟国	男	64	83	60	76	283	70.8
13	11	王慎	男	75	47	59	66	247	61.8
14	12	毕群	女	47	80	62	75	264	66.0
15	13	翁丽玲	女	76	84	73	55	288	72.0
16	14	周而杨	男	66	65	69	77	277	69.3
17	15	朱双辰	男	75	48	56	51	230	57.5
18	16	钟玉钏	男	55	81	75	62	273	68.3
19	17	韩朝霞	女	77	65	62	75	279	69.8

图4-2-5

项目 2

打开"生产报表.xlsx"，按要求完成如下操作：

计算各零件的总计和产值。产值 = 总计 × 单价，单价在工作表"单价表"上，操作步骤如图 4–2–6、图 4–2–7、图 4–2–8 所示，最终结果如图 4–2–9 所示。

图 4 – 2 – 6

图 4 – 2 – 7

图 4 – 2 – 8

119

齿轮厂生产报表（第一季度）					
车间	齿轮箱（件）	齿轮泵（件）	齿轮（件）	轮轴（件）	扇形齿轮（件）
车间一	28	26	29	25	75
车间二	60	35	80	40	15
车间三	12	50	64	55	33
总计	100	111	173	120	123
产值	26747	51045.57	20853.42	26170.8	40325.55

图 4 – 2 – 9

项目 3

新建"5月份办公用品盘点清单.xlsx"，快速录入如图 4 – 2 – 10 所示数据，尝试理解表格中各个字段之间的关系并计算表格中空白部分内容，即上期结存金额、本期结存数量及金额。

5月份办公用品盘点清单										
编号	名称	规格	单位	单价	上期结存		本期		本期结存	
					数量	金额	购进	发放数	数量	金额
BG001	打印纸	A4	包	¥50.0	2		10	8		
BG002	打印纸	B5	包	¥40.0	1		10	9		
BG003	记录本	中	个	¥2.0	10		20	15		
BG004	中性笔	中细	只	¥2.0	14		20	16		
BG005	双面胶	宽	卷	¥3.0	2		2	3		
BG006	双面胶	窄	卷	¥2.5	2		2	2		
BG007	回形针	中	盒	¥5.0	3		1	2		
BG008	文件夹	大	个	¥3.5	10		0	2		
BG009	文件夹	中	个	¥3.0	12		0	2		
BG010	传真机	三星	台	¥2,500.0	1		0	0		
BG011	扫描仪	佳能	台	¥2,300.0	1		0	0		

图 4 – 2 – 10

项目 4

打开"Excel 公式练习题.xls"，快速完成此文件中的习题，组内交流完成结果。

 自由园地

利用 Excel 软件制作表格"家庭 * 月收支统计表.xlsx"，表格包括本月家庭的每一笔收入和支出信息，并利用公式计算出结余信息。于月底同家人商议支出项是否合理，在今后生活中能否改进，树立健康积极的消费观。

案例3　学生成绩统计——函数的使用

任务描述

现在我们手上有一份学生的成绩表，怎样才能快速地统计出总分、平均分、最高分、最低分呢？我们一起来学习一下函数的应用。

练习要点

基本函数的应用，包括自动求和、求平均值、最大值、最小值、计数。

操作步骤

（1）打开"学生成绩表 2.xlsx"，使用函数计算学生成绩总分，点击【公式】选项卡，点击"自动求和"中的"求和"，如图 4-3-1、图 4-3-2 所示。

（2）计算学生成绩的平均分（保留 1 位小数）。

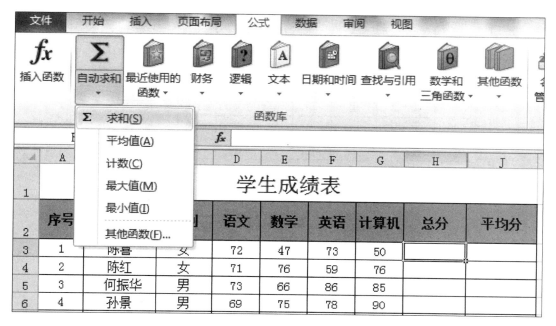

图 4-3-1

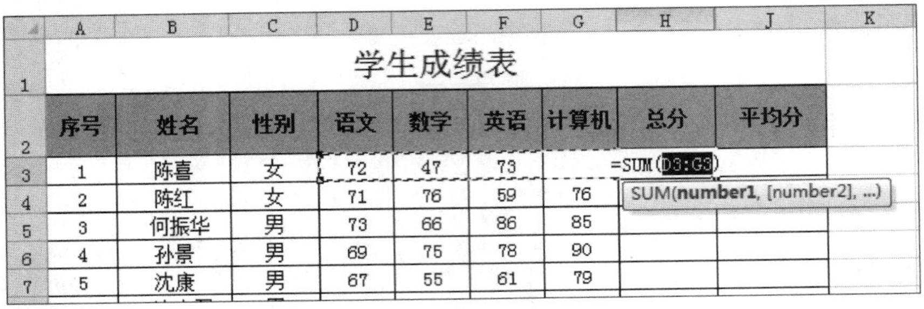

	A	B	C	D	E	F	G	H	J	K
1					学生成绩表					
2	序号	姓名	性别	语文	数学	英语	计算机	总分	平均分	
3	1	陈喜	女	72	47	73		=SUM(D3:G3)		
4	2	陈红	女	71	76	59	76	SUM(number1, [number2], ...)		
5	3	何振华	男	73	66	86	85			
6	4	孙景	男	69	75	78	90			
7	5	沈康	男	67	55	61	79			

图 4 - 3 - 2

（3）计算学生成绩的各科最大值、最小值和平均分（保留 1 位小数），结果如图 4 - 3 - 3 所示。

	A	B	C	D	E	F	G	H	J
1					学生成绩表				
2	序号	姓名	性别	语文	数学	英语	计算机	总分	平均分
3	1	陈喜	女	72	47	73	50	242	60.5
4	2	陈红	女	71	76	59	76	282	70.5
5	3	何振华	男	73	66	86	85	310	77.5
6	4	孙景	男	69	75	78	90	312	78.0
7	5	沈康	男	67	55	61	79	262	65.5
8	6	沈小召	男	72	77	66	76	291	72.8
9	7	严小坡	男	70	51	69	66	256	64.0
10	8	张饶	男	71	62	55	36	224	56.0
11	9	刘宇宙	男	76	86	76	80	318	79.5
12	10	黄伟国	男	64	83	60	76	283	70.8
13	11	王慎	男	75	47	59	66	247	61.8
14	12	毕群	女	47	80	62	75	264	66.0
15	13	翁丽玲	女	76	84	73	55	288	72.0
16	14	周而杨	男	66	65	69	77	277	69.3
17	15	朱双辰	男	75	48	56	51	230	57.5
18	16	钟玉钏	男	55	81	75	62	273	68.3
19	17	韩朝霞	女	77	65	62	75	279	69.8
20	最大值			77	86	86	90		
21	最小值			47	47	55	36		
22	平均值			69.2	67.5	67.0	69.1		

图 4 - 3 - 3

 项目训练

项目 1

打开"工资表 2. xlsx"，按要求完成如下操作：

（1）用函数快速求出应发工资。结果如图 4 - 3 - 4 所示。

员工编号	姓名	部门	基本工资	绩效考核	其他	应发工资	养老金	住房公积金	实发工资

2014年3月员工工资表

G3 =SUM(D3:F3)

员工编号	姓名	部门	基本工资	绩效考核	其他	应发工资	养老金	住房公积金	实发工资
001	洪国武	市场部	2860	1000	200	4060			
002	张军宏	技术部	3000	900	200	4100			
003	刘德名	市场部	2850	980	200	4030			
004	刘乐红	技术部	3100	900	200	4200			
005	洪国林	客户部	3200	1000	200	4400			
006	王小乐	技术部	3200	900	200	4300			
007	张红艳	市场部	3000	1050	200	4250			
008	张武学	市场部	2950	1100	200	4250			
009	张环球	客户部	3320	1000	200	4520			
010	鲁南	客户部	3500	1000	200	4700			
011	郭新航	技术部	3050	900	200	4150			
012	黄伟国	技术部	3100	900	200	4200			
013	汪慎	财务部	3700	1100	200	5000			
014	毕群	技术部	3300	900	200	4400			
015	翁丽玲	客户部	3250	1000	200	4450			
016	周而杨	市场部	3100	1100	200	4400			
017	朱双辰	客户部	3100	1000	200	4300			
018	钟玉钏	技术部	3200	900	200	4300			
019	韩朝霞	财务部	3600	1100	200	4900			
020	黄海锋	技术部	3000	900	200	4100			
公司人数									
最大值									
最小值									
平均值									

图 4 - 3 - 4

（2）计算养老金和住房公积金，计算方法为：养老金 = 应发工资 ×8%，住房公积金 = 应发工资 ×10%。结果如图 4 - 3 - 5 所示。

2014年3月员工工资表

员工编号	姓名	部门	基本工资	绩效考核	其他	应发工资	养老金	住房公积金	实发工资
001	洪国武	市场部	2860	1000	200	4060	324.8	406	
002	张军宏	技术部	3000	900	200	4100	328	410	
003	刘德名	市场部	2850	980	200	4030	322.4	403	
004	刘乐红	技术部	3100	900	200	4200	336	420	
005	洪国林	客户部	3200	1000	200	4400	352	440	
006	王小乐	技术部	3200	900	200	4300	344	430	
007	张红艳	市场部	3000	1050	200	4250	340	425	
008	张武学	市场部	2950	1100	200	4250	340	425	
009	张环球	客户部	3320	1000	200	4520	361.6	452	
010	鲁南	客户部	3500	1000	200	4700	376	470	
011	郭新航	技术部	3050	900	200	4150	332	415	
012	黄伟国	技术部	3100	900	200	4200	336	420	
013	汪慎	财务部	3700	1100	200	5000	400	500	
014	毕群	技术部	3300	900	200	4400	352	440	
015	翁丽玲	客户部	3250	1000	200	4450	356	445	
016	周而杨	市场部	3100	1100	200	4400	352	440	
017	朱双辰	客户部	3100	1000	200	4300	344	430	
018	钟玉钏	技术部	3200	900	200	4300	344	430	
019	韩朝霞	财务部	3600	1100	200	4900	392	490	
020	黄海锋	技术部	3000	900	200	4100	328	410	
公司人数									
最大值									
最小值									
平均值									

图 4 - 3 - 5

123

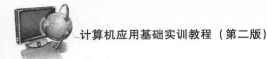

（3）用函数计算实发工资（保留1位小数）、最大值、最小值、平均值（保留1位小数）。操作方法如图4-3-6、图4-3-7、图4-3-8所示。

	员工编号	姓名	部门	基本工资	绩效考核	其他	应发工资	养老金	住房公积金	实发工资
					2014年3月员工工资表					
3	001	洪国武	市场部	2860	1000	200	4060	324.8	406	
4	002	张军宏	技术部	3000	900	200	4100	328	410	
5	003	刘德名	市场部	2850	980	200	4030	322.4	403	
6	004	刘乐红	技术部	3100	900	200	4200	336	420	
7	005	洪国林	客户部	3200	1000	200	4400	352	440	
8	006	王小乐	技术部	3200	900	200	4300	344	430	
9	007	张红艳	市场部	3000	1050	200	4250	340	425	
10	008	张武学	市场部	2950	1100	200	4250	340	425	
11	009	张环球	客户部	3320	1000	200	4520	361.6	452	
12	010	鲁南	客户部	3500	1000	200	4700	376	470	
13	011	郭新航	技术部	3050	900	200	4150	332	415	
14	012	黄伟国	技术部	3100	900	200	4200	336	420	
15	013	汪慎	财务部	3700	1100	200	5000	400	500	
16	014	毕群	技术部	3300	900	200	4400	352	440	
17	015	翁丽玲	客户部	3250	1000	200	4450	356	445	
18	016	周而杨	市场部	3100	1100	200	4400	352	440	
19	017	朱双辰	客户部	3100	1000	200	4300	344	430	
20	018	钟玉钏	技术部	3200	900	200	4300	344	430	
21	019	韩朝霞	财务部	3600	1100	200	4900	392	490	
22	020	黄海锋	技术部	3000	900	200	4100	328	410	
23		公司人数								
24		最大值		=MAX(D3:D22)						
25		最小值		MAX(**number1**, [number2], ...)						
26		平均值								

图4-3-6

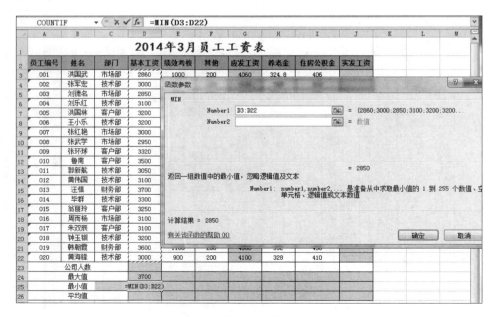

图4-3-7

图 4 - 3 - 8

（4）用函数计算公司总人数（计数 COUNT）。操作方法如图 4 - 3 - 9 所示，最终结果如图 4 - 3 - 10 所示。

图 4 - 3 - 9

	2014年3月员工工资表								
员工编号	姓名	部门	基本工资	绩效考核	其他	应发工资	养老金	住房公积金	实发工资
001	洪国武	市场部	2860	1000	200	4060	324.8	406	3329.2
002	张军宏	技术部	3000	900	200	4100	328	410	3362.0
003	刘德名	市场部	2850	980	200	4030	322.4	403	3304.6
004	刘乐红	技术部	3100	900	200	4200	336	420	3444.0
005	洪国林	客户部	3200	1000	200	4400	352	440	3608.0
006	王小乐	技术部	3200	900	200	4300	344	430	3526.0
007	张红艳	市场部	3000	1050	200	4250	340	425	3485.0
008	张武学	市场部	2950	1100	200	4250	340	425	3485.0
009	张环球	客户部	3320	1000	200	4520	361.6	452	3706.4
010	鲁南	客户部	3500	1000	200	4700	376	470	3854.0
011	郭新航	技术部	3050	900	200	4150	332	415	3403.0
012	黄伟国	技术部	3100	900	200	4200	336	420	3444.0
013	汪慎	财务部	3700	1100	200	5000	400	500	4100.0
014	毕群	技术部	3300	900	200	4400	352	440	3608.0
015	翁丽玲	客户部	3250	1000	200	4450	356	445	3649.0
016	周而杨	市场部	3100	1100	200	4400	352	440	3608.0
017	朱双辰	客户部	3100	1000	200	4300	344	430	3526.0
018	钟玉钏	技术部	3200	900	200	4300	344	430	3526.0
019	韩朝霞	财务部	3600	1100	200	4900	392	490	4018.0
020	黄海锋	技术部	3000	900	200	4100	328	410	3362.0
	公司人数		20						
	最大值		3700	1100	200	5000	400	500	4100
	最小值		2850	900	200	4030	322.4	403	3304.6
	平均值		3169.0	981.5	200.0	4350.5	348.0	435.1	3567.4

图 4 - 3 - 10

项目 2

打开"函数与引用.xlsx"，按要求完成如下操作：

（1）选择 Sheet1 工作表，在 H10 单元格计算出 A1：F8 所有数值的和。

（2）选择 Sheet2 工作表，在 H8 单元格计算出 A1：F4 和 H12：M15 两个区域的所有数值的和（不能改变数据区域的位置）。

（3）选择 Sheet3 工作表，在 H8 单元格计算出 A1：F4 和 H12：M15 两个区域的所有数值的平均值（不能改变数据区域的位置）。

（4）选择 Sheet4 工作表，在 H10 单元格计算出 A1：F62 的最大值，在 H11 单元格计算出 A1：F62 的最小值。

（5）选择 Sheet5 工作表，在 H8 单元格计算出 A1：D20 区域包含数字的单元格的数量。

（6）选择 Sheet6 工作表，在 H8 单元格计算出 A1：D20 区域的人名数。

（7）选择 Sheet7 工作表，在 H8 单元格计算出 A1：D20 区域的空白单元格的数量。

项目 3

打开"文本截取函数.xlsx"，掌握左截取函数 LEFT、右截取函数 RIGHT、中间截取函数 MID 的使用方法。

LEFT（文本内容，截取长度）

RIGHT（文本内容，截取长度）

MID（文本内容，截取开始位置，截取长度）

根据练习 1—5 工作表中的题目要求，完成 5 个工作表中的练习。

项目 4

在单元格中，对数值的四舍五入的处理方法，包括单元格格式、函数处理等方法，打开"四舍五入问题 . xlsx"，完成下列练习。

（1）在"单元格格式"工作表中，设置单元格格式，分别在 B、C、D、E 列中保留相应的小数位。

（2）在"四舍五入函数"工作表中，根据 A 列的数，分别在 B、C、D、E 列中用 ROUND 函数对其做相应的保留小数位处理。

（3）在"情况分析"工作表中，观察情况 1、情况 2、情况 3、情况 4，试说说计算结果有什么问题？是对还是错，为什么？

 自由园地

制作"班级计算机应用基础课堂出勤表 . xlsx"，计分规则为：满分 100 分，旷课一次（迟到 15 分钟以上为旷课）扣 10 分，迟到一次扣 3 分；使用函数统计每人的出勤分数。

案例 4　学生成绩统计表——函数的综合应用

 任务描述

基本函数满足不了我们统计成绩的相关条目的计算了，现在怎样才能用函数统计出排名等要求呢？我们一起来学习常用的一些函数的操作方法。

 练习要点

- 复习基本函数的应用
- 几大常用函数（RANK、COUNTIF、SUMIF、IF）的应用
- 两个函数的混合应用

 操作步骤

（1）打开"学生成绩统计表 . xlsx"，使用函数计算学生成绩总分和总人数。

（2）用函数对学生总分进行排名（RANK 函数），操作方法如图 4 - 4 - 1 所示。

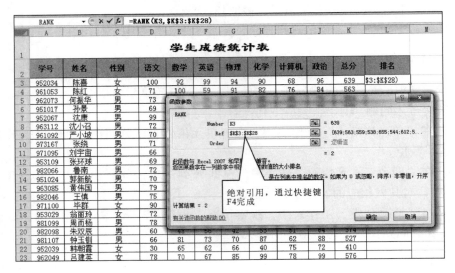

图 4 - 4 - 1

（3）用函数计算男生和女生人数（COUNTIF 函数），操作方法如图 4 - 4 - 2 所示。

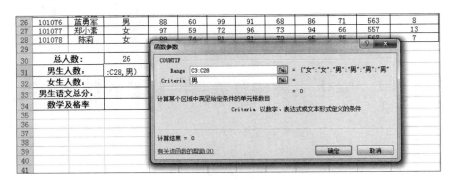

图 4 - 4 - 2

（4）用函数计算男生语文总分（SUMIF 函数），操作方法如图 4 - 4 - 3 所示。

图 4 - 4 - 3

（5）用函数计算数学及格率，操作方法如图 4 - 4 - 4 所示。

	C34		f_x	=COUNTIF(E3:E28,">=60")/C30		
	A	B	C	D	E	F	G
29							
30	总人数：		26				
31	男生人数：		16				
32	女生人数：		10				
33	男生语文总分：		1177				
34	数学及格率		88.46%				

图 4 - 4 - 4

 项目训练

项目 1

打开"综合练习.xlsx"，在工作表 Sheet1 里面按要求完成如下操作：

（1）计算员工应发工资和实发工资。

（2）计算男性员工、项目经理人数（COUNTIF 函数），结果如图 4 - 4 - 5 所示。

	E25		f_x	=COUNTIF(E3:E22,"项目经理")		
	A	B	C	D	E	F
1					某公司员工情	
2	工号	姓名	性别	部门	职务	工资
3	B101	李平	男	销售	工程师	3900
4	B102	程小芸	女	开发	项目经理	4800
5	B103	郭建国	男	企划	项目经理	4800
6	B104	江祖明	男	开发	工程师	3800
7	B105	姜春华	男	企划	工程师	3700
8	B106	张成	男	销售	助理工程师	2890
9	B107	黎江辉	男	企划	助理工程师	2890
10	B108	杨丽	女	销售	工程师	3900
11	B109	刘新民	男	开发	助理工程师	2900
12	B110	黄小萍	女	开发	助理工程师	2900
13	B111	李立	女	销售	技术员	2500
14	B112	程娃	女	开发	工程师	3600
15	B113	朱彬	女	企划	高级工程师	4900
16	B114	王国立	男	销售	技术员	3000
17	B115	白国芬	女	销售	工程师	4000
18	B116	王小兰	女	开发	助理工程师	3400
19	B117	陈宝	男	企划	技术员	2900
20	B118	黄河	男	开发	助理工程师	3800
21	B119	黄旭	男	开发	项目经理	4800
22	B120	李宗刚	男	销售	技术员	2900
23						
24	男性员工数				12	
25	项目经理人数				3	
26	高级工程师和工程师人数之和					
27	销售部门的应发工资总和					
28						

图 4 - 4 - 5

（3）计算高级工程师和工程师人数之和，操作方法如图4-4-6所示。

	E26		▼	fx	=COUNTIF(E3:E22,"高级工程师")+COUNTIF(E3:E22,"工程师")			
	A	B	C	D	E	F	G	H	I
25		项目经理人数			3			
26		高级工程师和工程师人数之和			7			
27		销售部门的应发工资总和						
28								

图4-4-6

（4）计算销售部门的应发工资总和（SUMIF函数），结果如图4-4-7所示。

	E27		▼	fx	=SUMIF(D3:D22,D3,K3:K22)					
	A	B	C	D	E	F	G	H	I	J	K
1					某公司员工情况表						
2	工号	姓名	性别	部门	职务	工资	奖金	应发工资	水电费	房租费	实发工资
3	B101	李平	男	销售	工程师	3900	1200	5100	120	50	4930
4	B102	程小芸	女	开发	项目经理	4800	1300	6100	130	60	5910
5	B103	郭建国	男	企划	项目经理	4800	1000	5800	126	60	5614
6	B104	江祖明	男	开发	工程师	3800	1100	4900	127	50	4723
7	B105	姜春华	男	企划	工程师	3700	1200	4900	120	55	4725
8	B106	张成	男	销售	助理工程师	2890	1100	3990	125	40	3825
9	B107	黎江辉	男	企划	助理工程师	2890	1300	4190	132	45	4013
10	B108	杨丽	女	销售	工程师	3900	1400	5300	121	55	5124
11	B109	刘新民	男	开发	助理工程师	2900	1200	4100	171	45	3884
12	B110	黄小萍	女	开发	助理工程师	2900	1100	4000	181	40	3779
13	B111	李立	女	销售	技术员	2500	1200	3700	120	50	3530
14	B112	程娃	女	开发	工程师	3600	1300	4900	142	60	4698
15	B113	朱彬	男	企划	高级工程师	4900	1100	6000	156	60	5784
16	B114	王国立	男	销售	技术员	3000	1200	4200	181	50	3969
17	B115	白国芬	女	销售	工程师	4000	1300	5300	132	55	5113
18	B116	王小兰	女	开发	助理工程师	3400	1100	4500	143	40	4317
19	B117	陈宝	男	企划	技术员	2900	1200	4100	175	45	3880
20	B118	黄河	男	开发	助理工程师	3800	1200	5000	146	55	4799
21	B119	黄旭	男	开发	项目经理	4800	1300	6100	115	45	5940
22	B120	李宗刚	男	销售	技术员	2900	1100	4000	143	40	3817
23											
24		男性员工数			12						
25		项目经理人数			3						
26		高级工程师和工程师人数之和			7						
27		销售部门的应发工资总和			30308						

图4-4-7

项目2

打开"综合练习.xlsx"，在工作表Sheet2里面按要求完成如下操作：

（1）计算总分和平均分，其中平均分保留小数点后一位。

（2）按总分排名次。

（3）平均分60分或以上，在备注栏标注"及格"；60分以下，标注"不及格"，用IF函数进行操作，操作方法如图4-4-8所示，结果如图4-4-9所示。

H	I	J	K	L	M	N	O	P	Q
化学	政治	计算机	总分	平均分	名次	备注			
90	94	98	660		=IF(L2>=60,"及格","不及格")				
82	84	76	563	80.4	4				
85	70	85	559	79.9	5				
87	82	80	538	76.9	10				
78									
91									
96									
81									
83									
74									
76									
86									
89									
60									
85									
72									
66									
53									
87									
71	72	75	488	69.7	17				

函数参数

IF

Logical_test　L2>=60　　　= TRUE
Value_if_true　"及格"　　　= 及格
Value_if_false　"不及格"　　= 不及格
= 及格

判断是否满足某个条件，如果满足返回一个值，如果不满足则返回另一个值。

　　Value_if_false 是当 Logical_test 为 FALSE 时的返回值。如果忽略，则返回 FALSE

计算结果 = 及格

有关该函数的帮助(H)　　　　　　确定　　取消

图 4-4-8

	M2	▼	fx	=RANK(K2,$K$2:$K$21)								
	A	B	C	D	E	F	G	H	I	J	K	L	M
1	学号	姓名	性别	语文	数学	英语	物理	化学	政治	计算机	总分	平均分	名次
2	A001	陈喜	女	92	92	100	94	90	94	98	660	94.3	1
3	A002	陈红	女	71	100	59	91	82	84	76	563	80.4	4
4	A003	何振华	男	73	78	86	82	85	70	85	559	79.9	5
5	A004	孙景	男	69	75	78	67	87	82	80	538	76.9	10
6	A005	沈康	男	67	66	61	65	78	70	79	486	69.4	18
7	A006	沈小召	男	72	86	66	76	91	77	76	544	77.7	9
8	A007	严小坡	男	90	94	99	99	96	86	96	660	94.3	1
9	A008	张饶	男	71	95	55	72	81	68	63	505	72.1	15
10	A009	刘宇宙	男	66	86	76	81	83	73	80	545	77.9	8
11	A010	张环球	男	69	83	70	62	74	67	64	489	69.9	16
12	A011	鲁南	男	72	67	72	68	76	82	75	512	73.1	14
13	A012	郭新航	男	70	81	80	84	86	90	77	568	81.1	3
14	A013	黄伟国	男	79	83	60	90	89	79	76	556	79.4	6
15	A014	王慎	男	35	47	59	25	60	56	46	328	46.9	20
16	A015	毕群	女	66	80	62	74	85	93	75	535	76.4	11
17	A016	翁丽玲	女	72	84	73	88	72	79	84	552	78.9	7
18	A017	周而杨	男	78	65	69	100	66	58	77	513	73.3	13
19	A018	朱双辰	男	60	48	56	42	53	64	51	374	53.4	19
20	A019	钟玉钏	男	66	81	75	70	87	88	62	529	75.6	12
21	A020	韩朝霞	女	77	65	62	66	71	72	75	488	69.7	17

图 4-4-9

项目 3

打开"IF 函数.xlsx"，按要求完成如下操作：

1. 在工作表 Sheet1 中，用 IF 函数计算等级，平均分小于 60 分为不合格，平均分

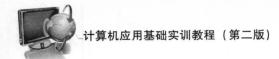

大于等于60分为合格，结果如图4-4-10所示。

	A	B	C	D	E	F	G	H	I	J	K	L	M	N
1	学号	姓名	性别	语文	数学	英语	物理	化学	政治	计算机	总分	平均分	名次	备注
2	A001	陈喜	女	92	92	100	94	90	94	98	660	94.3	1	及格
3	A002	陈红	女	71	100	59	91	82	84	76	563	80.4	4	及格
4	A003	何振华	男	73	78	86	82	85	70	85	559	79.9	5	及格
5	A004	孙景	男	69	75	78	67	87	82	80	538	76.9	10	及格
6	A005	沈康	男	67	66	61	65	78	70	79	486	69.4	18	及格
7	A006	沈小召	男	72	86	66	76	91	77	76	544	77.7	9	及格
8	A007	严小坡	男	90	94	99	99	96	86	96	660	94.3	1	及格
9	A008	张饶	男	71	95	55	72	81	68	63	505	72.1	15	及格
10	A009	刘宇宙	男	66	86	76	81	83	73	80	545	77.9	8	及格
11	A010	张环球	男	69	83	70	62	74	67	64	489	69.9	16	及格
12	A011	鲁南	男	72	67	72	68	76	82	75	512	73.1	14	及格
13	A012	郭新航	男	70	81	80	84	86	90	77	568	81.1	3	及格
14	A013	黄伟国	男	79	83	60	90	89	79	76	556	79.4	6	及格
15	A014	王慎	男	35	47	59	25	60	56	46	328	46.9	20	不及格
16	A015	毕群	女	66	80	62	74	85	93	75	535	76.4	11	及格
17	A016	翁丽玲	女	72	84	73	88	72	79	84	552	78.9	7	及格
18	A017	周而杨	男	78	65	69	100	66	58	77	513	73.3	13	及格
19	A018	朱双辰	男	60	48	56	42	53	64	51	374	53.4	19	不及格
20	A019	钟玉钏	男	66	81	75	70	87	88	62	529	75.6	12	及格
21	A020	韩朝霞	女	77	65	62	66	71	72	75	488	69.7	17	及格

图4-4-10

2. 在工作表Sheet2中，用IF函数计算等级，按总分排名次，平均成绩大于等于90分的为"优秀"，平均成绩小于90分大于等于60分的为"及格"，平均成绩小于60分的为"不及格"；结果如图4-4-11所示。

L21 =IF(K21)>=60,"及格","不及格")

	A	B	C	D	E	F	G	H	I	J	K	L
1	学号	姓名	性别	语文	数学	英语	物理	化学	政治	计算机	平均分	等级
2	1	陈喜	女	100	92	99	94	90	96	68	91.29	及格
3	2	陈红	女	71	100	59	91	82	84	76	80.43	及格
4	3	何振华	男	73	78	86	82	85	70	85	79.86	及格
5	4	孙景	男	69	75	78	67	87	82	80	76.86	及格
6	5	沈康	男	99	89	99	90	100	99	79	93.57	及格
7	6	沈小召	男	72	86	66	76	91	77	76	77.71	及格
8	7	严小坡	男	70	94	69	99	96	86	66	82.86	及格
9	8	张饶	男	71	95	55	72	81	68	63	72.14	及格
10	9	刘宇宙	男	66	86	76	81	83	73	80	77.86	及格
11	10	张环球	男	69	83	70	62	74	67	64	69.86	及格
12	11	鲁南	男	72	67	72	68	76	82	75	73.14	及格
13	12	郭新航	男	70	81	80	84	86	90	77	81.14	及格
14	13	黄伟国	男	79	83	60	90	89	79	76	79.43	及格
15	14	王慎	男	75	47	59	75	60	76	66	65.43	及格
16	15	毕群	女	66	80	62	74	85	93	75	76.43	及格
17	16	翁丽玲	女	72	84	73	88	72	79	84	78.86	及格
18	17	周而杨	男	78	65	69	100	66	58	77	73.29	及格
19	18	朱双辰	男	60	48	56	42	53	64	51	53.43	不及格
20	19	钟玉钏	男	66	81	75	70	87	88	62	75.57	及格
21	20	韩朝霞	女	30	65	62	66	40	72	75	58.57	不及格

图4-4-11

项目 4

打开"IF 函数提升 . xlsx"，按要求完成如下操作：

（1）在工作表 Sheet1 中，计算"总成绩"列的内容；结果如图 4 - 4 - 12 所示。

F3		fx	=SUM(B3:D3)			
	A	B	C	D	E	F	G

	A	B	C	D	E	F	G
1	某高校学生考试成绩表						
2	学号	高等数学	大学英语	大学物理	备注	总成绩	排名
3	T3	92	83	86		261	
4	T6	71	84	95		250	
5	T5	87	90	71		248	
6	T1	89	74	75		238	
7	T7	70	78	83		231	
8	T8	79	67	80		226	
9	T2	77	73	73		223	
10	T9	84	50	69		203	
11	T4	67	86	45		198	
12	T10	55	72	69		196	

图 4 - 4 - 12

（2）按"总成绩"递减次序排名（利用 RANK 函数），结果如图 4 - 4 - 13 所示。

			Docer-在线模板	×	if函数提升.xlsx *	×	+

G3		fx	=RANK(F3, $F$3:$F$12)				

	A	B	C	D	E	F	G
1	某高校学生考试成绩表						
2	学号	高等数学	大学英语	大学物理	备注	总成绩	排名
3	T3	92	83	86		261	1
4	T6	71	84	95		250	2
5	T5	87	90	71		248	3
6	T1	89	74	75		238	4
7	T7	70	78	83		231	5
8	T8	79	67	80		226	6
9	T2	77	73	73		223	7
10	T9	84	50	69		203	8
11	T4	67	86	45		198	9
12	T10	55	72	69		196	10

图 4 - 4 - 13

（3）如果高等数学、大学英语成绩均大于或等于 75，则在备注栏内给出信息"有资格"；否则给出信息"无资格"（利用 IF 函数实现），结果如图 4 - 4 - 14 所示。

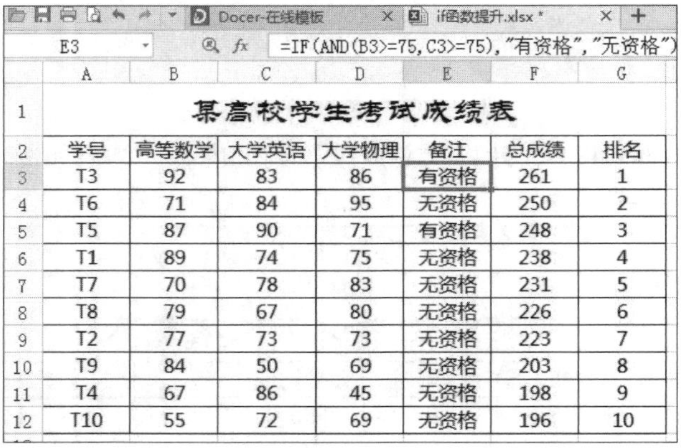

某高校学生考试成绩表						
学号	高等数学	大学英语	大学物理	备注	总成绩	排名
T3	92	83	86	有资格	261	1
T6	71	84	95	无资格	250	2
T5	87	90	71	有资格	248	3
T1	89	74	75	无资格	238	4
T7	70	78	83	无资格	231	5
T8	79	67	80	无资格	226	6
T2	77	73	73	无资格	223	7
T9	84	50	69	无资格	203	8
T4	67	86	45	无资格	198	9
T10	55	72	69	无资格	196	10

图 4－4－14

（4）将工作表命名为“成绩统计表”。

项目 5

打开“统计提高练习题 . xlsx”，完成工作表中红色框线部分所显示的任务要求，练习 1 工作表题目如图 4－4－15 所示，练习 2 工作表题目如图 4－4－16 所示。

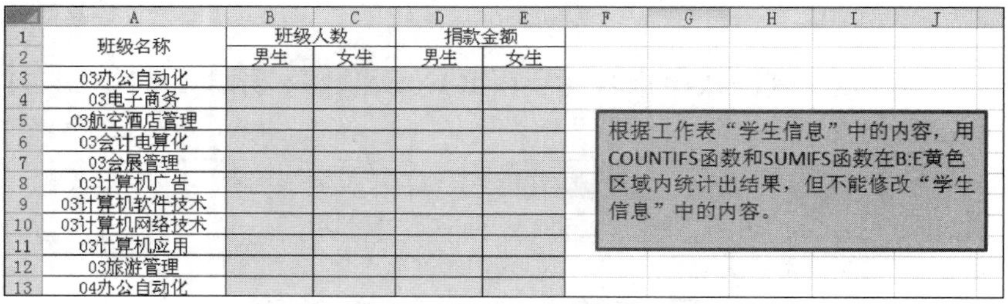

班级名称	班级人数		捐款金额	
	男生	女生	男生	女生
03办公自动化				
03电子商务				
03航空酒店管理				
03会计电算化				
03会展管理				
03计算机广告				
03计算机软件技术				
03计算机网络技术				
03计算机应用				
03旅游管理				
04办公自动化				

图 4－4－15

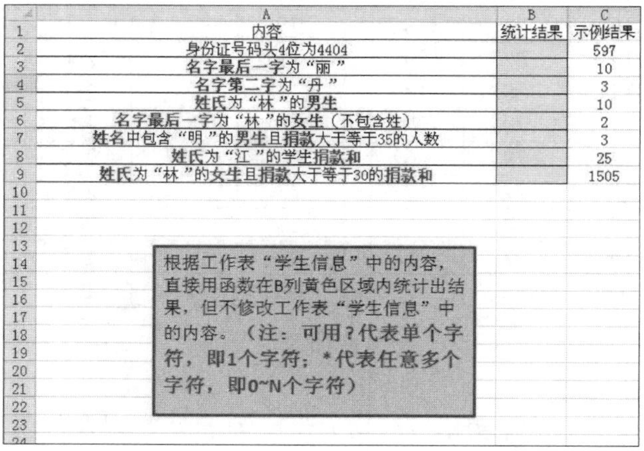

内容	统计结果	示例结果
身份证号码头4位为4404		597
名字最后一字为“丽”		10
名字第二字为“丹”		3
姓氏为“林”的男生		10
名字最后一字为“林”的女生（不包含姓）		2
姓名中包含“明”的男生且捐款大于等于35的人数		3
姓氏为“江”的学生捐款和		25
姓氏为“林”的女生且捐款大于等于30的捐款和		1505

图 4－4－16

项目 6

（1）根据《方案》，珠海户籍的 80～94 周岁老人，每人每月可领取 100 元的高龄老人政府津贴；95～99 周岁老人每人每月 200 元；100 周岁以上的 300 元。请根据以上信息，计算 "IF 函数嵌套.xlsx" 中 "珠海老人特殊待遇" 工作表的每位长者的老年补助。

（2）选择 "职务与工资" 工作表，根据职务发放奖金。

自由园地

补充制作班级《计算机应用基础课堂出勤表》，出勤成绩 90 分以上的在出勤表现一栏显示 "优秀"；出勤成绩 60 分以上的在出勤表现一栏显示 "良好"；出勤成绩 60 分以上的在出勤表现一栏显示 "待提高"。

案例 5　突出显示需要的数据——条件格式

任务描述

如何将符合条件的数据突出地显示出来，使工作表中的数据更加一目了然呢？可以通过条件格式使符合条件的数据按照自己的要求突出显示。

练习要点

- 掌握条件格式的使用方法
- 掌握条件格式管理规则的使用

操作步骤

（1）打开 "条件格式.xlsx"，将各科成绩中低于 60 分的用红色填充表示，先选中数据区域 C2：I21，点击【开始】的 "条件格式"，操作方法如图 4-5-1、图 4-5-2 所示。

（2）将各科成绩中大于或等于 90 分的用黄色底纹蓝色倾斜字体表示。

图 4 - 5 - 1

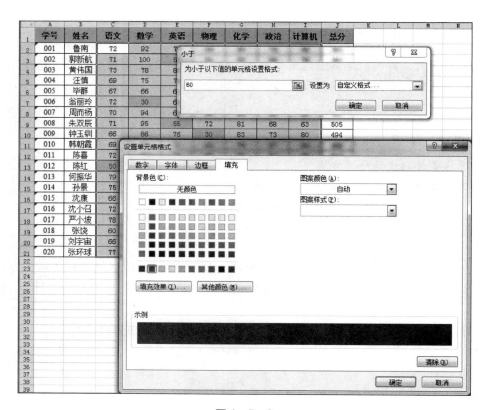

图 4 - 5 - 2

（3）总分前 10 名的用浅蓝色填充，操作如图 4 - 5 - 3 所示。

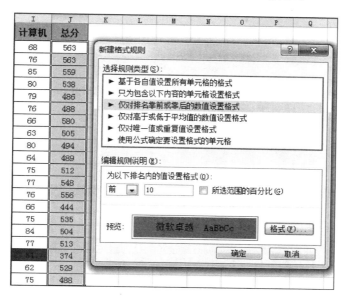

图 4 - 5 - 3

（4）最后结果如图 4 - 5 - 4 所示。

	A	B	C	D	E	F	G	H	I	J
1	学号	姓名	语文	数学	英语	物理	化学	政治	计算机	总分
2	001	鲁南	72	92	73	94	90	74	68	563
3	002	郭新航	71	100	59	91	82	84	76	563
4	003	黄伟国	73	78	86	82	85	70	85	559
5	004	汪慎	69	75	78	67	87	82	80	538
6	005	毕群	67	66	61	65	78	70	79	486
7	006	翁丽玲	72	30	66	76	91	77	76	488
8	007	周而杨	70	94	69	99	96	86	66	580
9	008	朱双辰	71	95	55	72	81	68	63	505
10	009	钟玉钏	66	86	76	30	83	73	80	494
11	010	韩朝霞	69	83	70	62	74	67	64	489
12	011	陈喜	72	67	72	68	76	82	75	512
13	012	陈红	50	81	80	84	86	90	77	548
14	013	何振华	79	83	60	90	89	79	76	556
15	014	孙景	75	47	45	75	60	76	66	444
16	015	沈康	66	80	62	74	85	93	75	535
17	016	沈小召	72	84	73	40	72	79	84	504
18	017	严小坡	78	65	69	100	66	58	77	513
19	018	张饶	60	48	52	42	68	64	51	374
20	019	刘宇宙	66	81	75	70	87	88	62	529
21	020	张环球	77	65	62	66	71	72	75	488

图 4 - 5 - 4

项目训练

项目1

打开"条件格式 2. xlsx"，在工作表 Sheet1 里面按要求完成如下操作：

（1）将每门课程成绩小于 60 分的用红字浅绿色填充，结果如图 4-5-5 所示。

学号	姓名	英语	计算机	数据库	C语言	体育	政治	高数	实习
20150009	邓光林	60	81	65	87	65	90	88	90
20150010	林艺敏	52	71	53	81	72	80	86	65
20150011	雷杰明	57	50	47	71	72	60	83	85
20150012	廖丽莉	64	61	80	88	73	60	86	90
20150013	姚贤合	67	76	85	89	100	80	89	85
20150014	周宇雄	51	70	28	77	93	66	68	90
20150015	周彩红	69	86	60	89	49	86	94	85
20150016	梁秀玲	87	90	97	80	86	95	68	65
20150017	黄裕荣	48	60	66	73	15	75	76	85
20150018	黄浩强	50	35	35	37	71	64	64	65
20150019	黄立全	53	68	71	78	72	60	74	85
20150020	罗晓锋	55	88	62	90	64	82	92	85
20150021	侯润年	50	39	68	79	72	87	81	85
20150022	邝艳红	74	86	79	87	80	95	85	85
20150023	赵毅涛	63	80	60	91	86	72	91	85
20150024	赵景辉	53	53	42	84	72	66	80	85
20150025	赵永盛	60	84	38	88	65	82	92	90
20150026	潘南火	71	84	77	87	79	75	87	85
20150027	林志贤	70	82	71	85	79	95	72	85
20150029	梁明桂	48	90	43	76	60	76	71	90
20150031	邱鸿峰	71	83	88	92	72	71	97	90
20150032	许颖林	92	83	65	90	96	95	92	90
20150033	肖仁彩	62	82	90	87	60	93	90	90
20150034	丁伟雄	46	76	44	84	71	70	82	65
20150035	杨新国	53	62	48	83	72	90	80	65
20150036	陈瑞雁	81	84	41	90	86	80	80	85
20150037	梁红珍	67	84	62	85	79	92	88	85
20150038	梁辉能	60	91	97	93	15	92	98	90
20150039	梁冬美	75	83	60	85	79	80	92	90
20150040	梁家庆	52	64	78	73	30	93	81	85

图 4-5-5

（2）将每门课程最高分的前 5 名用黄色填充，文字加粗、加双下画线。结果如图 4-5-6 所示。

	A	B	C	D	E	F	G	H	I	J
1					学期成绩汇总表					
2	学号	姓名	英语	计算机	数据库	C语言	体育	政治	高数	实习
3	20150009	邓光林	60	81	65	87	65	90	88	90
4	20150010	林艺敏	52	71	53	81	72	80	86	65
5	20150011	雷杰明	57	50	47	71	72	60	83	85
6	20150012	廖丽莉	64	61	80	88	73	60	86	90
7	20150013	姚贤合	67	76	85	89	100	80	89	85
8	20150014	周宇雄	51	70	28	77	93	66	68	90
9	20150015	周彩红	69	86	60	89	49	86	94	85
10	20150016	梁秀玲	87	90	97	80	86	95	68	65
11	20150017	黄裕荣	48	60	66	73	15	75	76	85
12	20150018	黄浩强	50	35	37	71	64	64	65
13	20150019	黄立全	53	68	71	78	72	60	74	85
14	20150020	罗晓锋	55	88	62	90	64	82	92	85
15	20150021	侯润年	50	39	68	79	72	87	81	85
16	20150022	邝艳红	74	86	79	87	80	95	85	85
17	20150023	赵毅涛	63	80	60	91	86	72	91	85
18	20150024	赵景辉	53	53	42	84	72	66	80	85
19	20150025	赵永盛	60	84	38	88	65	82	92	90
20	20150026	潘南火	71	84	77	87	79	75	87	85
21	20150027	林志贤	70	82	71	85	79	95	72	85
22	20150029	梁明桂	48	90	43	76	60	76	71	90
23	20150031	邱鸿峰	71	83	88	92	72	71	97	90
24	20150032	许颖林	92	83	65	90	96	95	92	90
25	20150033	肖仁彩	62	82	90	87	60	93	90	90
26	20150034	丁伟雄	46	76	44	84	71	70	82	65
27	20150035	杨新国	53	62	48	83	72	90	80	65
28	20150036	陈瑞雁	81	84	41	90	86	80	80	85
29	20150037	梁红珍	67	84	62	85	79	92	88	85
30	20150038	梁辉能	60	91	97	93	15	92	98	90
31	20150039	梁冬美	75	83	60	85	79	80	92	90
32	20150040	梁家庆	52	64	78	73	30	93	81	85

图 4 - 5 - 6

项目 2

打开"条件格式 2. xlsx",在工作表 Sheet2 里面按要求完成如下操作:

(1)用条件格式判断 A 列中的姓名是否重复,将重名的姓名用红色填充标出,操作方法如图 4 - 5 - 7 所示。

图 4 - 5 - 7

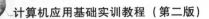

（2）用条件格式把学生名单中姓"李"的单元格加红色单线边框（底边设置，其他三边不设），操作方法如图4-5-8所示。

图4-5-8

自由园地

新建Excel文档，命名为"＊＊＊班计算机应用基础成绩统计表.xlsx"，按要求完成如下操作：

（1）制作表格字段部分包括学号、姓名、出勤成绩、课堂表现成绩、期中成绩、期末成绩。

（2）表格格式根据自己的喜好进行设置。

（3）表格中所有成绩项最高分的前6名用红色填充，文字加粗。

案例6　学生基本情况表——数据排序

任务描述

某学院行政办公室职员李翼接到统计本院学生奖学金获取情况的任务。李翼将收集到的数据统计为"学生基本情况表"后，又被要求对统计数据进行处理（即将表格中性别字段为"T"的用"男"来替换，"F"用"女"来替换；按照奖学金由多到少进行排序，如果奖学金数额相同则按照出生年月由小到大进行排序），现在我们一起来看看李翼如何快速解决这些问题。

练习要点

使用排序对话框

操作步骤

（1）打开文件"学生基本情况表.xlsx"，如图 4-6-1 所示。

	A	B	C	D	E
1			学生基本情况表		
2					
3	学号	姓名	性别	出生年月	奖学金
4	151001	王 伟	T	1994/5/6	50
5	151016	李 丽	F	1993/2/8	25
6	151018	张 晋	F	1994/10/12	50
7	151026	赵永红	T	1993/6/13	75
8	151012	胡 敏	T	1992/10/19	0
9	151036	刘 宇	T	1993/8/16	50
10	151015	韩晓炳	T	1992/8/14	75
11	151096	朱泽源	T	1992/9/18	0
12	151067	裴 勇	T	1991/8/18	0
13	151051	贾丽霞	F	1993/5/8	75
14					

图 4-6-1

（2）单击【开始】|【查找和选择】，在下拉菜单中选择【替换】命令，打开【替换】对话框。在对话框中做如下设置，如图 4-6-2 所示；将性别字段中"F"替换为"女"。替换后效果如图 4-6-3 所示。

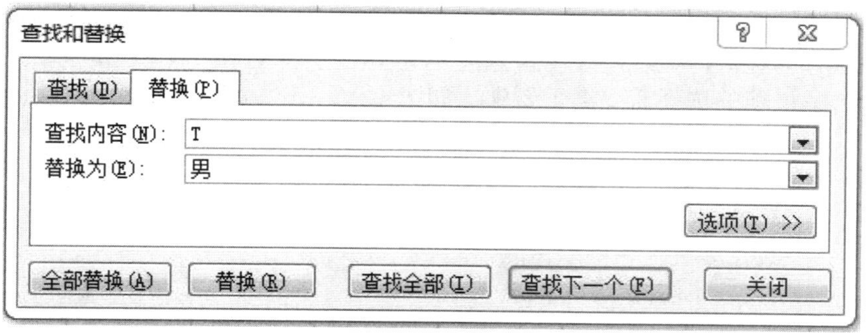

图 4-6-2

A	B	C	D	E
		学生基本情况表		
学号	姓名	性别	出生年月	奖学金
151001	王 伟	男	1994/5/6	50
151016	李 丽	女	1993/2/8	25
151018	张 晋	女	1994/10/12	50
151026	赵永红	男	1993/6/13	75
151012	胡 敏	男	1992/10/19	0
151036	刘 宇	男	1993/8/16	50
151015	韩晓炳	男	1992/8/14	75
151096	朱泽源	男	1992/9/18	0
151067	裴 勇	男	1991/8/18	0
151051	贾丽霞	女	1993/5/8	75

图 4 − 6 − 3

（3）按要求排序，选中表格单元格区域 A3：E13，如图 4 − 6 − 4 所示。

A	B	C	D	E
		学生基本情况表		
学号	姓名	性别	出生年月	奖学金
151001	王 伟	男	1994/5/6	50
151016	李 丽	女	1993/2/8	25
151018	张 晋	女	1994/10/12	50
151026	赵永红	男	1993/6/13	75
151012	胡 敏	男	1992/10/19	0
151036	刘 宇	男	1993/8/16	50
151015	韩晓炳	男	1992/8/14	75
151096	朱泽源	男	1992/9/18	0
151067	裴 勇	男	1991/8/18	0
151051	贾丽霞	女	1993/5/8	75

图 4 − 6 − 4

（4）设置排序对话框 选择【数据】｜【排序】调出排序对话框，确保【数据包含标题】选项处于选中状态，对【主要关键字】和【次要关键字】中各项进行设置，尤其注意【次序】项的选择需要满足要求，如图 4 − 6 − 5 所示。

图 4 − 6 − 5

（5）排序后效果如图 4 - 6 - 6 所示。

	A	B	C	D	E	F
1			学生基本情况表			
2						
3	学号	姓名	性别	出生年月	奖学金	
4	151067	裴 勇	男	1991/8/18	0	
5	151096	朱泽源	男	1992/9/10	0	
6	151012	胡 敏	男	1992/10/19	0	
7	151016	李 丽	女	1993/2/8	25	
8	151036	刘 宇	男	1993/8/16	50	
9	151001	王 伟	男	1994/5/6	50	
10	151018	张 晋	女	1994/10/12	50	
11	151015	韩晓炳	男	1992/8/14	75	
12	151051	贾丽霞	女	1993/5/8	75	
13	151026	赵永红	男	1993/6/13	75	

图 4 - 6 - 6

 项目训练

打开文件"排序练习.xlsx"，按要求完成如下操作：

（1）表格"排序1"：将表格按"年龄"字段升序排列显示；将表格的行高设为"18"，列宽设为"10"。最终效果如图 4 - 6 - 7 所示。

（2）表格"排序2"：将表格中的数据按照经理进行排序；将保费收入的数据格式设为货币样式，货币符号为"＄"，千分位分隔样式，保留两位小数。（思考：若表格中无标题字段行，应该如何按要求排序）最终效果如图 4 - 6 - 8 所示。

	A	B	C	D	E
1	姓名	性别	年龄	职称	实发工资
2	徐朋友	女	32	教 授	898
3	孙 达	男	34	助 教	456
4	马 达	女	43	助 教	452
5	陈小为	男	45	教 授	567
6	林大芳	女	45	副教授	778
7	王文分	女	50	助 工	543
8	徐一望	男	55	教 授	571
9	胡 菲	女	56	助 教	344
10	张良占	男	56	副教授	557
11	李木兴	男	67	工程师	567
12	方小名	女	67	工程师	500

图 4 - 6 - 7

	A	B	C	D
1	西部	人寿保险	Bell	＄ 26,173.46
2	西部	健康保险	Bell	＄ 194,228.56
3	西部	汽车保险	Bell	＄ 1,632.63
4	中部	人寿保险	Carlson	＄ 160,227.81
5	东部	汽车保险	Davis	＄ 347,271.66
6	东部	健康保险	Davis	＄ 58,638.34
7	东部	人寿保险	Davis	＄ 139,688.81
8	西部	汽车保险	Green	＄ 124,314.83
9	西部	健康保险	Green	＄ 115,017.67
10	中部	健康保险	Jones	＄ 11,701.01
11	中部	人寿保险	Jones	＄ 139,858.93
12	中部	汽车保险	Jones	＄ 301,484.10
13	中部	健康保险	Smith	＄ 202,973.84
14	中部	汽车保险	Smith	＄ 21,300.87
15	中部	人寿保险	Smith	＄ 160,679.58
16	东部	人寿保险	Thomas	＄ 489,507.48
17	东部	健康保险	Thomas	＄ 492,831.17

图 4 - 6 - 8

（3）表格"排序3"：对"年龄"字段按升序排列；求出年龄的总和，存放在字段"合计"第 1 条中。最终效果如图 4 - 6 - 9 所示。

	A	B	C	D	E	F	G
1							
2				姓名	年龄	工资	合计
3				刘建国	19	220.50	1243
4				赵强	21	271.68	
5				胡征月	22	338.58	
6				方黎静	24	345.66	
7				沈国里	25	279.45	
8				陈华松	25	234.00	
9				王群仙	29	357.65	
10				少郝雷	33	379.54	
11				李娟娟	34	378.69	
12				孙权	36	350.49	
13				周秀兰	36	398.78	
14				曹春强	37	445.45	
15				王雪川	41	345.64	
16				王大江	44	439.29	
17				姜文祥	44	425.70	
18				郑冰冰	45	630.75	
19				徐建芬	45	456.78	
20				杨庆义	46	720.40	
21				余建玲	46	542.14	
22				罗春燕	46	458.89	
23				王庆全	49	518.60	
24				曹云仙	50	800.90	
25				余从恩	51	554.50	
26				郑瑞花	54	578.89	
27				沈跃廷	55	518.18	
28				李鸿仙	55	657.88	
29				李兰	56	651.31	
30				高恩娜	57	630.45	
31				全广	58	780.90	
32				邱维正	60	687.00	

图 4 - 6 - 9

（4）表格"排序4"：将表格的列宽设为15；改变表格中"库存量"列的排序为升序。最终效果如图 4 - 6 - 10 所示。

	A	B	C	D
1	商品号	商品名	库存量	当天销售量
2	D1222	电冰箱（华日）	6	0
3	D1223	电冰箱（万宝）	7	5
4	D1221	电冰箱（美凌）	9	0
5	D2100	电冰箱（海尔）	10	2
6	C5200	微波炉	21	3
7	B3110	电视机(金星)	45	10
8	B1001	电视机(西湖)	99	21
9	A0002	高压锅(沈阳)	321	1
10	A0001	高压锅(上海)	545	3
11	A0003	高压锅(浙江)	654	12

图 4 - 6 - 10

（5）表格"排序5"：将"出生年月"这一列的日期格式设为"1997 年 3 月 4 日"格式；将表格按"工作证号"列升序排列显示。最终效果如图 4 - 6 - 11 所示。

	A	B	C
1	工作证号	姓名	出生年月
2	13542	孔广森	1953年6月14日
3	21001	魏明亮	1956年3月31日
4	21002	何琪	1964年8月17日
5	21003	燕冉飞	1953年9月23日
6	24631	狄荡来	1957年6月18日
7	25456	龙昌虹	1957年4月7日
8	42319	开月 奔	1950年4月8日
9	42841	王开东	1960年8月28日
10	43760	左鹏飞	1950年10月9日
11	46978	巩固国	1960年4月3日
12	48465	任建兴	1961年7月16日
13	56431	杨之凯	1951年9月29日
14	58213	韦啸天	1957年9月24日
15	65478	解仁晔	1951年9月29日
16	76498	蹇国赋	1977年4月9日
17	84646	丰罡	1954年5月9日

图 4 - 6 - 11

自由园地

收集本周周三各班常规得分情况，制作表格"一职校第＊周周三常规统计表.xlsx"。将表格按"总分"字段由高到低排序，查看本班本周常规排名，总结本班该天的常规表现。

案例7　学生成绩统计表——数据筛选

任务描述

现有一份某班级的学生成绩统计表，为了确定某校际交流活动的名单，学校要求班主任提交满足以下要求的学生名单：①筛选平均分大于 85 分的学生；②筛选平均成绩小于 90 分且大于 80 分的学生；③筛选前 10 位学生；④筛选后 10 位学生；⑤筛选语文大于 80 分的女学生；⑥筛选出姓"李"的学生；⑦筛选出姓"李"或者姓"王"的学生；⑧筛选语文、数学均为 80 分以上的学生；⑨筛选语文、数学任一科大于 90 分的学生。如果你是该班班主任，你将如何快速完成该项任务？

练习要点

- 自动筛选对话框的设置
- 高级筛选的操作步骤

操作步骤

（1）打开“学生成绩统计表.xlsx”，文件中有9个工作表，分别命名为“1”，“2”，…，“9”。在每个工作表的第25行有对表格中数据进行处理的明确要求，如图4-7-1所示。

学生成绩统计表

学号	姓名	性别	计算机	英语	数学	语文	平均分	名次
1	李平	男	90	88	100	79	89.25	
2	程小芸	女	96	95	91	86	92	
3	郭建国	男	77	86	81	87	82.75	
4	江祖明	男	65	73	85	75	74.5	
5	姜春华	男	68	78	75	93	78.5	
6	张成	男	86	81	89	75	82.75	
7	黎江辉	男	56	40	35	78	52.25	
8	杨丽	女	82	66	92	69	77.25	
9	刘新民	男	75	86	80	82	80.75	
10	黄小萍	女	60	64	80	86	72.5	
11	李立	女	98	64	86	80	82	
12	程娃	女	87	88	90	83	87	
13	朱彬	女	76	62	80	43	65.25	
14	王国立	男	84	90	100	98	93	
15	白国芬	女	68	71	74	71	71	
16	王小兰	女	88	90	94	76	87	
17	陈宝	男	62	74	87	57	70	
18	黄河	男	91	84	91	80	86.5	

要求：　筛选平均分>85分的人员

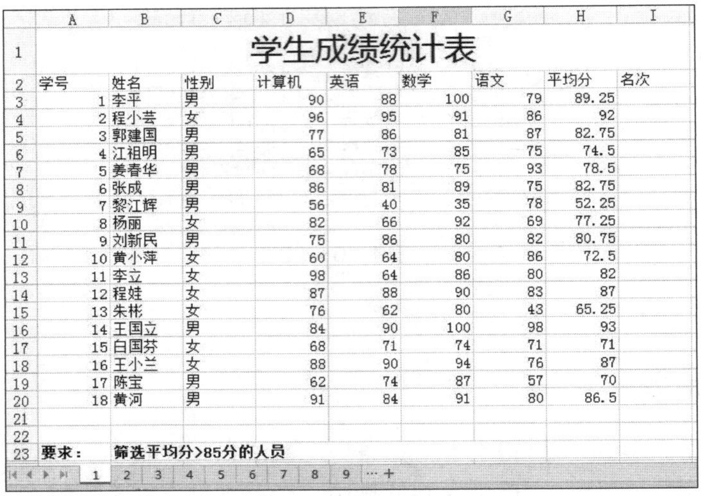

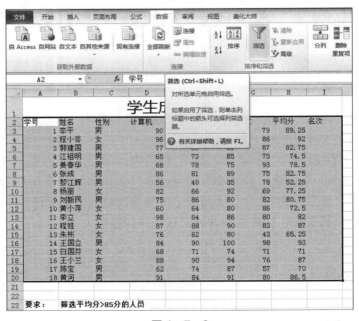

图4-7-1

（2）选取单元格区域A2:I20，点击【数据】|【筛选】命令，操作如图4-7-2所示。

图4-7-2

（3）随后点击平均分字段后的下拉菜单，进行如图4-7-3所示操作。

图4-7-3

（4）在弹出的对话框中做如下设置，如图4-7-4所示；最终结果如图4-7-5所示。

图4-7-4

图4-7-5

计算机应用基础实训教程（第二版）

（5）使用类似的操作步骤完成表格"2"，"3"，…，"8"中要求。打开工作表9，认真分析发现工作表9中的要求与前8个表中要求略有不同，【自动筛选】功能已经不能解决问题，必须使用【高级筛选】功能。首先建立条件区域，如图4-7-6所示。

	A	B	C	D	E	F	G	H	I	J	K	L	M
1					学生成绩统计表								
2	学号	姓名	性别	计算机	英语	数学	语文	平均分	名次		语文	数学	
3	1	李平	男	90	88	100	79	89.25			>90		
4	2	程小芸	女	96	95	91	86	92				>90	
5	3	郭建国	男	77	86	81	87	82.75					
6	4	江祖明	男	65	73	85	75	74.5					
7	5	姜春华	男	68	78	75	93	78.5					
8	6	张成	男	86	81	89	75	82.75					
9	7	黎江辉	男	56	40	35	78	52.25					
10	8	杨丽	女	82	66	92	69	77.25					
11	9	刘新民	男	75	86	80	82	80.75					
12	10	黄小萍	女	60	64	80	86	72.5					
13	11	李立	女	98	64	86	80	82					
14	12	程娃	女	87	88	90	83	87					
15	13	朱彬	女	76	62	80	43	65.25					
16	14	王国立	男	84	90	100	98	93					
17	15	白国芬	女	68	71	74	71	71					
18	16	王小兰	女	88	90	94	76	87					
19	17	陈宝	男	62	74	87	57	70					
20	18	黄河	男	91	84	91	80	86.5					
21													
22													
23													
24													
25	要求：	筛选语文、数学任一科大于90分的同学											
26													

图4-7-6

（6）选择单元格区域A2：I20，如图4-7-7所示，然后点击【数据】｜【高级】，在弹出的【高级筛选】对话框中做如下设置，如图4-7-8所示，点击【确定】。

	A	B	C	D	E	F	G	H	I	J	K	L
1					学生成绩组							
2	学号	姓名	性别	计算机	英语	数学	语文	平均分	名次		语文	数学
3	1	李平	男	90	88	100	79	89.25			>90	
4	2	程小芸	女	96	95	91	86	92				>90
5	3	郭建国	男	77	86	81	87	82.75				
6	4	江祖明	男	65	73	85	75	74.5				
7	5	姜春华	男	68	78	75	93	78.5				
8	6	张成	男	86	81	89	75	82.75				
9	7	黎江辉	男	56	40	35	78	52.25				
10	8	杨丽	女	82	66	92	69	77.25				
11	9	刘新民	男	75	86	80	82	80.75				
12	10	黄小萍	女	60	64	80	86	72.5				
13	11	李立	女	98	64	86	80	82				
14	12	程娃	女	87	88	90	83	87				
15	13	朱彬	女	76	62	80	43	65.25				
16	14	王国立	男	84	90	100	98	93				
17	15	白国芬	女	68	71	74	71	71				
18	16	王小兰	女	88	90	94	76	87				
19	17	陈宝	男	62	74	87	57	70				
20	18	黄河	男	91	84	91	80	86.5				
21												
22												
23												
24												
25	要求：	筛选语文、数学任一科大于90分的同学										
26												

图4-7-7

148

图 4 - 7 - 8

（7）最终结果，如图 4 - 7 - 9 所示。

	A	B	C	D	E	F	G	H	I	J	K	L
1				学生成绩统计表								
2	学号	姓名	性别	计算机	英语	数学	语文	平均分	名次		语文	数学
3	1	李平	男	90	88	100	79	89.25			>90	
4	2	程小芸	女	96	95	91	86	92				>90
7	5	姜春华	男	68	78	75	93	78.5				
10	8	杨丽	女	82	66	92	69	77.25				
16	14	王国立	男	84	100	100	98	93				
18	16	王小三	女	88	90	94	76	87				
20	18	黄河	男	91	84	91	80	86.5				
21												
22												
23												
24												
25	要求:	筛选语文、数学任一科大于90分的同学										

图 4 - 7 - 9

 项目训练

项目 1

打开"加班费统计表. xlsx"，完成工作表中红色框线部分所显示的任务要求，如图
4 - 7 - 10 所示。最终结果如图 4 - 7 - 11、图 4 - 7 - 12 所示。

	A	B	C	D	E	F	G	H	I	J
1	1.在SHEET3中筛选出所有白班天数8天以上或者夜班天数4天以上的记录，复制到新建工作表 SHEET4 B2开始的单元格中（工作表放在SHEET3后）									
2	2.在SHEET3中筛选出所有白班天数8天以上并且夜班天数4天以上的记录，复制到新建工作表 SHEET5 B2开始的单元格中（工作表放在SHEET4前）									
3										
4				迅达网络有限公司员工四季度加班费统计表						
5		序号	姓名	部门	白班天数	夜班天数	白班加班费	夜班加班费	合计	
6		1	王洪翠	软件部	12	5		100	100	
7		2	张红梅	公关部	6	3		60	60	
8		3	杨文霞	公关部	5	4		80	80	
9		4	陈大伟	软件部	7	9		180	180	
10		5	李润	销售部	8	7		140	140	
11		6	王美芹	销售部	10	8		160	160	
12		7	王洪翠	软件部	12	5		100	100	
13		8	张红梅	公关部	6	3		60	60	
14		9	杨文霞	公关部	5	4		80	80	
15		10	陈大伟	软件部	7	9		180	180	
16		11	李润	销售部	8	7		140	140	
17		12	王美芹	销售部	10	8		160	160	
18										

图 4 - 7 - 10

序号	姓名	部门	白班天数	夜班天数	白班加班费	夜班加班费	合计
1	王洪翠	软件部	12	5		100	100
4	陈大伟	软件部	7	9		180	180
5	李润	销售部	8	7		140	140
6	王美芹	销售部	10	8		160	160
7	王洪翠	软件部	12	5		100	100
10	陈大伟	软件部	7	9		180	180
11	李润	销售部	8	7		140	140
12	王美芹	销售部	10	8		160	160

图 4 - 7 - 11

序号	姓名	部门	白班天数	夜班天数	白班加班费	夜班加班费	合计
1	王洪翠	软件部	12	5		100	100
6	王美芹	销售部	10	8		160	160
7	王洪翠	软件部	12	5		100	100
12	王美芹	销售部	10	8		160	160

图 4 - 7 - 12

项目 2

打开"期末考试成绩表.xlsx"，完成工作表中所显示要求，界面如图 4 - 7 - 13 所示。

注意：以下操作结果另存新工作表
1.用自动筛选筛选出上机成绩在前10名的学生
2.用自动筛选筛选出上机成绩和笔试成绩在前10名的学生
3.用自动筛选中的自定义筛选排版成绩>22.2,<25.2的学生名单
4.用自动筛选筛选出姓氏为谢的学生
5.用自动筛选筛选出姓氏为谢或郭的学生
6.用高级筛选筛选出期末成绩>85分的男生信息,把筛选取结果放存放到A65的区域中
7.用高级筛选筛选出期末成绩>70分的女生信息
8.用高级筛选筛选出排版成绩>90分或者期平>85分的学生名单
9.完成上述操作后,在"期平"字段后增加"排名"字段按期平进行排名操作

2004期末考试成绩

学号	姓名	性别	英文录入	英5%	中文录入	中5%	制表	制表10%	排版	排版30%	上机成绩	笔试成绩	笔试成绩50%	总成绩	期中	平时	期平
01	陈俊德	男	182	3	161	1	20	6.7	88	26.4	37.1	89	44.5	81.6	71	100	83.94
02	陈美玲	女	0	1	0	1	20	6.7	90	27	35.7	49	24.5	60.2	20	100	60.08
03	陈文锋	男	193	3	195	3	15	5	90	27	38	49	24.5	62.5	26	100	62.8
04	陈志和	男	0	1	0	1	0	0	75	22.5	24.5	35	17.5	42	29	70	46.5
05	范超蓝	男	241	5	131	1	5	1.7	91	27.3	48	24	59	0	70	44.6
06	官金耀	男	215	5	394	5	5	1.7	85	25.5	37.2	59	29.5	66.7	21	100	62.98
07	郭建文	男	243	5	351	5	25	8.3	92	27.6	45.9	51	25.5	71.4	30	100	67.56
08	郭鹏	男	170	3	290	5	20	6.7	91	27.3	42	50	25	67	21	100	63.1
09	黄涛健	男	226	5	206	5	15		65	19.5	34.5	65	32.5	67	34	100	67
10	黄加良	男	141	1	187	3	20	6.7	95	28.5	39.2	50	25	64.2	15	100	60.18
11	黄雅倩	女	0	1	0	1	10	3.3	57	17.1	22.4	51	25.5	47.9	32	90	55.76
12	黄招强	男	212	5	277	5	10	3.3	96	28.8	42.1	52	26	68.1	34	100	67.44
13	李福群	男	149	1	171	1	10	3.3	88	26.4	31.7	28	14	45.7	29	100	56.98
14	李峦峻	男	153	3	191	3	10	3.3	73	21.9	31.2	38	19	50.2	8	100	52.48
15	李志坚	男	224	5	178	1	10	3.3	53	15.9	25.2	53	26.5	51.7	41	70	53.98
16	梁明	男	151	3	231	5	30	10	92	27.6	45.6	55	27.5	73.1	27	100	67.34
17	梁永文	女	261	5	597	5	12	4	73	21.9	35.9	48	24	59.9	24	100	61.16
18	廖妙玲	女	179	3	187	3	20	6.7	98	29.4	42.1	73	36.5	78.6	72	100	83.04
19	林焕华	男	133	1	83	1	20	6.7	65	19.5	28.2	55	27.5	55.7	26	100	60.08
20	林丽庭	男	128	1	155	1	10	3.3	77	23.1	28.4	76	38	66.4	44	90	66.76
21	刘海尧	男	222	5	15	5	12	4	74	22.2	33.2	64	32	65.2	34	90	69.48
22	莫候金	女	262	5	355	5	20	6.7	100	30	46.7	54	27	73.7	44	90	69.68
23	盘春凤	女	205	5	132	1	20	6.7	88	26.4	39.1	65	32.5	71.6	34	80	62.84
24	秦勇	男	241	5	294	5	10	3.3	72	21.6	34.9	40	20	54.9	17	60	45.06
25	容润龙	男	124	1	227	5	20	6.7	63	18.9	31.6	61	30.5	62.1	28	100	63.24
26	魏壮丹	男	170	3	171	3	20	6.7	86	25.8	36.5	39	19.5	56	44	100	65.6

图 4 - 7 - 13

项目3

打开"高级筛选练习.xlsx",用函数计算出 Sheet1 工作表的总分（K 列）和平均分（L 列），插入工作表 Sheet2、Sheet3、Sheet4，并把工作表 Sheet1 的数据复制到 Sheet2、Sheet3、Sheet4 工作表中。在对应的工作表完成以下高级筛选操作（筛选条件区域从单元格 A50 开始）。

（1）在工作表 Sheet1 中，显示出全部科目中有一门或以上不合格的学生名单。

（2）在工作表 Sheet2 中，显示出所有姓"陈""李""梁"的学生名单。

（3）在工作表 Sheet3 中，显示出平均分在 60～75 分之间的学生名单。

（4）在工作表 Sheet4 中，显示出总分在 650～700 分和 490～550 分的学生名单。

 自由园地

制作表格"×××班×××组计算机应用基础平时作业检查表.xlsx"。表格包含字段小组名称、学号、姓名、中文录入速度、英文录入速度、作业名称、作业总分。每次作业在规定时间内完全正确计 3 分；完成但出错并知晓错误原因及时更正计 2 分；未完成计 1 分；完全没有做计 0 分。平时作业共计 20 次，满分 60 分。统计完成后，筛选出中文录入速度高于 60 字/分钟，英文录入速度高于 120 字/分钟，且作业总分高于 56 分的学生名单。

案例8　学生成绩表——分类汇总

 任务描述

某学院教务处工作人员小欣接到分析本院三个班级学生成绩的任务。让我们一起来看看，如何能快速按要求对这三个班级学生成绩的数据进行处理。

 练习要点

● 分类汇总

 操作步骤

（1）打开"学生成绩表.xlsx"，在工作表学生成绩表 1 中以班级为分类字段，对总分求平均值。在分类汇总前，首先需要对分类字段进行排序，如图 4-8-1 所示，排序后效果如图 4-8-2 所示。

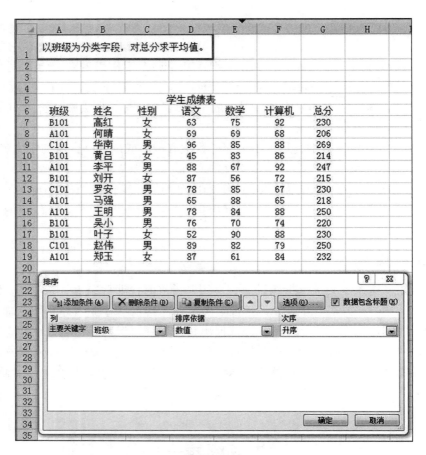

图 4 - 8 - 1

	班级	姓名	性别	语文	数学	计算机	总分
	以班级为分类字段，对总分求平均值。						
学生成绩表							
7	A101	何晴	女	69	69	68	206
8	A101	李平	男	88	67	92	247
9	A101	马强	男	65	88	65	218
10	A101	王明	男	78	84	88	250
11	A101	郑玉	女	87	61	84	232
12	B101	高红	女	63	75	92	230
13	B101	黄吕	女	45	83	86	214
14	B101	刘开	女	87	56	72	215
15	B101	吴小	男	76	70	74	220
16	B101	叶子	女	52	90	88	230
17	C101	华南	男	96	85	88	269
18	C101	罗安	男	78	85	67	230
19	C101	赵伟	男	89	82	79	250

图 4 - 8 - 2

（2）选中单元格区域 A6：G19，点击【数据】｜【分类汇总】，对弹出的【分类汇总】对话框做如图 4 - 8 - 3 所示设置。

图 4 - 8 - 3

（3）最终结果如图 4 - 8 - 4 所示（可调整 A 列列宽使汇总结果完全显示）。

	A	B	C	D	E	F	G
1	以班级为分类字段，对总分求平均值。						
5				学生成绩表			
6	班级	姓名	性别	语文	数学	计算机	总分
7	A101	何晴	女	69	69	68	206
8	A101	李平	男	88	67	92	247
9	A101	马强	男	65	88	65	218
10	A101	王明	男	78	84	88	250
11	A101	郑玉	女	87	61	84	232
12	A101 平均值						230.6
13	B101	高红	女	63	75	92	230
14	B101	黄吕	女	45	83	86	214
15	B101	刘开	女	87	56	72	215
16	B101	吴小	男	76	70	74	220
17	B101	叶子	女	52	90	88	230
18	B101 平均值						221.8
19	C101	华南	男	96	85	88	269
20	C101	罗安	男	78	85	67	230
21	C101	赵伟	男	89	82	79	250
22	C101 平均值						249.6667
23	总计平均值						231.6154

图 4 - 8 - 4

（4）使用相同的方法对工作表学生成绩表 2、学生成绩表 3 和学生成绩表 4 进行操作。注意在分类汇总前需要以分类字段为关键字进行排序，同时注意【分类汇总】对

话框中各项内容的设置。其中工作表学生成绩表 2 的最终效果如图 4 – 8 – 5 所示，工作表学生成绩表 3 的最终效果如图 4 – 8 – 6 所示，工作表学生成绩表 4 的最终效果如图 4 – 8 – 7 所示。

	A	B	C	D	E	F	G
1	以性别为分类字段，统计男、女生的人数。						
2							
3							
4				学生成绩表			
5	班级	姓名	性别	语文	数学	计算机	总分
6	A101	王明	男	78	84	88	250
7	C101	赵伟	男	89	82	79	250
8	B101	吴小	男	76	70	74	220
9	C101	罗安	男	78	85	67	230
10	A101	马强	男	65	88	65	218
11	A101	李平	男	88	67	92	247
12	C101	华南	男	96	85	88	269
13		7	男 计数				
14	B101	刘开	女	87	56	72	215
15	A101	郑玉	女	87	61	84	232
16	B101	高红	女	63	75	92	230
17	A101	何晴	女	69	69	68	206
18	B101	叶子	女	52	90	88	230
19	B101	黄吕	女	45	83	86	214
20		6	女 计数				
21		13	总计数				

图 4 – 8 – 5

	A	B	C	D	E	F	G
1	以班级为分类字段统计各班的人数						
2							
3							
4				学生成绩表			
5	班级	姓名	性别	语文	数学	计算机	总分
6	A101	王明	男	78	84	88	250
7	A101	郑玉	女	87	61	84	232
8	A101	何晴	女	69	69	68	206
9	A101	马强	男	65	88	65	218
10	A101	李平	男	88	67	92	247
11	A101 计数	5					
12	B101	刘开	女	87	56	72	215
13	B101	高红	女	63	75	92	230
14	B101	吴小	男	76	70	74	220
15	B101	叶子	女	52	90	88	230
16	B101	黄吕	女	45	83	86	214
17	B101 计数	5					
18	C101	赵伟	男	89	82	79	250
19	C101	罗安	男	78	85	67	230
20	C101	华南	男	96	85	88	269
21	C101 计数	3					
22	总计数	13					

图 4 – 8 – 6

EXCEL操作题

按下列要求对 工作表进行操作，结果存盘。
1. 按"班级"升序排序　　　　　　（按笔画）
2. 生成一个关于"班级"的汇总表（ 要求计算各门课程的平均分,其他设置不变）

班级	姓名	化学	物理
一班	王国民	67	80
一班	王学成	68	95
一班	毛阿敏	73	81
一班	甘　甜	63	93
一班	卢林玲	58	96
一班	何进	66	93
一班	张伟	65	51
一班	陆海空	79	78
一班	陈小狗	74	68
一班	陈水君	51	42
一班	陈弦	57	99
一班 平均值		66	80
二班	王大刚	78	81
二班	王海明	89	95
二班	白雪	68	57
二班	朱宇强	78	60
二班	李　磊	56	63
二班	张云	88	31
二班	张长荣	82	59
二班	张静贺	71	72
二班	陈云竹	67	42
二班	高宝根	69	58
二班	章少雨	91	70
二班 平均值		76	63
三班	冯志林	73	77
三班	李月玫	59	93
三班	杨　青	79	63
三班	沈丽	59	96
三班	林国强	69	67
三班	周文萍	43	92
三班	徐君秀	85	78
三班	章少华	90	91
三班 平均值		70	82
总计平均值		71	74

图 4 - 8 - 7

 项目训练

项目 1

打开"图书目录.xlsx"，完成工作表中所显示的任务要求，如图 4 - 8 - 8 所示，最终结果如图 4 - 8 - 9 所示。

	A	B	C	D	E	F
1	图书编号	图书名称	作者	价格	购进日期	
2	I0064166	巴尔扎克全集 9	巴尔扎克	¥31.50	July 1, 1998	
3	I0064168	巴尔扎克全集 8	巴尔扎克	¥36.60	December 1, 2000	
4	I0064171	巴尔扎克全集 13	巴尔扎克	¥32.00	December 1, 2000	
5	I0064172	巴尔扎克全集 10	巴尔扎克	¥37.60	December 1, 2000	
6	I0009313	家	巴金	¥25.50	August 1, 1998	
7	I0009619	爱情三部曲	巴金	¥23.20	July 1, 1998	
8	I0011500	家	巴金	¥25.50	July 1, 1998	
9	T0060729	域外小说	巴金	¥27.00	December 1, 2000	
10	G0019583	日出	曹禺	¥25.45	July 1, 1998	
11	G0066324	母亲	高尔基	¥23.60	August 2, 1998	
12	K0015196	在人间	高尔基	¥26.50	August 3, 1998	
13	G0005329	女神	郭沫若	¥13.20	July 1, 1998	
14	I0011753	心清	梁凤仪	¥39.00	March 1, 2001	
15	I0064170	豪门惊梦	梁凤仪	¥17.80	December 1, 2000	
16	I0064165	谈艺录	钱钟书	¥88.00	December 1, 2000	
17	I0064167	管锥编	钱钟书	¥88.00	December 1, 2000	
18	T0054431	宋诗选注	钱钟书	¥20.00	August 1, 1998	
19	I0064169	干校六记	杨绛	¥24.10	December 1, 2000	
20	T0007463	洗澡	杨绛	¥14.80	July 1, 1998	
21	T0052464	暴风骤雨	周立波	¥28.00	March 1, 2001	
22						

对工作表"图书目录"内数据清单的内容按主要关键字"作者"的递增次序和次要关键字"图书编号"的递增次序进行排序。对排序后的内容进行分类汇总，分类字段为"作者"，汇总方式为"计数"，汇总项为"作者"，汇总结果显示在数据下方，工作表名不变，保存工作簿。

图 4 - 8 - 8

1 2 3		A	B	C	D	E
	1	图书编号	图书名称	作者	价格	购进日期
	2	I0064166	巴尔扎克全集 9	巴尔扎克	¥31.50	July 1, 1998
	3	I0064168	巴尔扎克全集 8	巴尔扎克	¥36.60	December 1, 2000
	4	I0064171	巴尔扎克全集 13	巴尔扎克	¥32.00	December 1, 2000
	5	I0064172	巴尔扎克全集 10	巴尔扎克	¥37.60	December 1, 2000
	6			巴尔扎克 计数	4	
	7	I0009313	家	巴金	¥25.50	August 1, 1998
	8	I0009619	爱情三部曲	巴金	¥23.20	July 1, 1998
	9	I0011500	家	巴金	¥25.50	July 1, 1998
	10	T0060729	域外小说	巴金	¥27.00	December 1, 2000
	11			巴金 计数	4	
	12	G0019583	日出	曹禺	¥25.45	July 1, 1998
	13			曹禺 计数	1	
	14	G0066324	母亲	高尔基	¥23.60	August 2, 1998
	15	K0015196	在人间	高尔基	¥26.50	August 3, 1998
	16			高尔基 计数	2	
	17	G0005329	女神	郭沫若	¥13.20	July 1, 1998
	18			郭沫若 计数	1	
	19	I0011753	心清	梁凤仪	¥39.00	March 1, 2001
	20	I0064170	豪门惊梦	梁凤仪	¥17.80	December 1, 2000
	21			梁凤仪 计数	2	
	22	I0064165	谈艺录	钱钟书	¥88.00	December 1, 2000
	23	I0064167	管锥编	钱钟书	¥88.00	December 1, 2000
	24	T0054431	宋诗选注	钱钟书	¥20.00	August 1, 1998
	25			钱钟书 计数	3	
	26	I0064169	干校六记	杨绛	¥24.10	December 1, 2000
	27	T0007463	洗澡	杨绛	¥14.80	July 1, 1998
	28			杨绛 计数	2	
	29	T0052464	暴风骤雨	周立波	¥28.00	March 1, 2001
	30			周立波 计数	1	
	31			总计数	20	

图 4 - 8 - 9

项目 2

打开"材料成本计算表.xlsx"，完成工作表中所显示要求，如图 4 - 8 - 10 所示。最终结果如图 4 - 8 - 11 所示。

	A	B	C	D	E	F	G	H	I	J	K
1											
2		利用分类汇总功能，以存放地点为分类字段，对"运费"进行求和汇总。									
3		（汇总结果显示在数据下方）									
4											
5											
6											
7					材料成本计算表						
8		编号	材料名称	数量	材料价款	运费	保险费	管理费	合计	单价	存放地点
9		5	玻璃管	60	350	120	50	15	595	17.85	第二仓库
10		4	合金管	45	450	80	45	15	635	25.4	第二仓库
11		1	PVC管	100	500	40	34	15	689	12.402	第一仓库
12		6	铝塑管	56	840	70	40	15	1021	32.817857	第二仓库
13		3	钢管	35	1050	90	56	15	1246	64.08	第一仓库
14		2	铜管	30	1500	100	60	15	1705	102.3	第一仓库

图 4 - 8 - 10

156

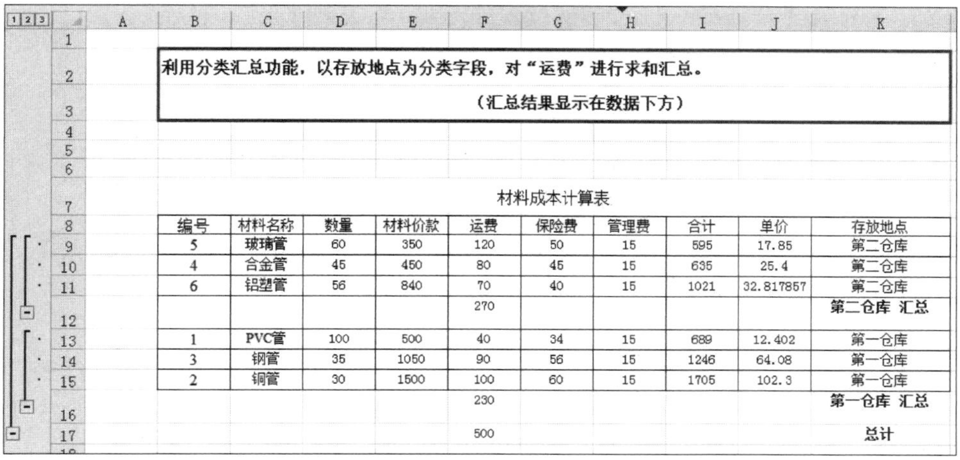

图 4 - 8 - 11

利用分类汇总功能，以存放地点为分类字段，对"运费"进行求和汇总。

（汇总结果显示在数据下方）

材料成本计算表

编号	材料名称	数量	材料价款	运费	保险费	管理费	合计	单价	存放地点
5	玻璃管	60	350	120	50	15	595	17.85	第二仓库
4	合金管	45	450	80	45	15	635	25.4	第二仓库
6	铝塑管	56	840	70	40	15	1021	32.817857	第二仓库
				270					第二仓库 汇总
1	PVC管	100	500	40	34	15	689	12.402	第一仓库
3	钢管	35	1050	90	56	15	1246	64.08	第一仓库
2	铜管	30	1500	100	60	15	1705	102.3	第一仓库
				230					第一仓库 汇总
				500					总计

图 4 - 8 - 11

项目3

打开"学生成绩汇总表.xlsx"，完成工作表中所显示要求（多级分类汇总），如图4 - 8 - 12 所示。

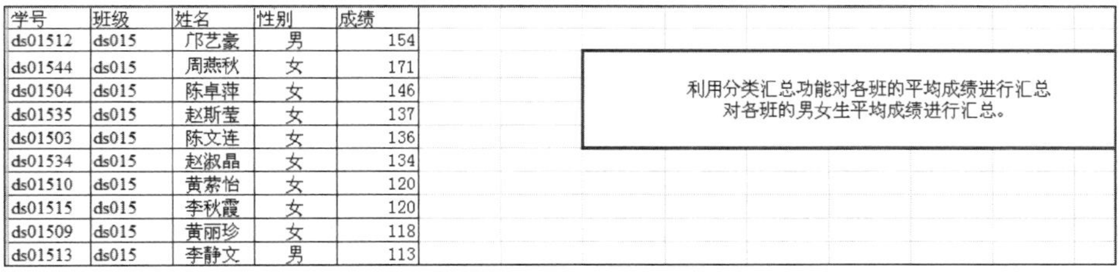

学号	班级	姓名	性别	成绩
ds01512	ds015	邝艺豪	男	154
ds01544	ds015	周燕秋	女	171
ds01504	ds015	陈卓萍	女	146
ds01535	ds015	赵斯莹	女	137
ds01503	ds015	陈文连	女	136
ds01534	ds015	赵淑晶	女	134
ds01510	ds015	黄萦怡	女	120
ds01515	ds015	李秋霞	女	120
ds01509	ds015	黄丽珍	女	118
ds01513	ds015	李静文	男	113

利用分类汇总功能对各班的平均成绩进行汇总
对各班的男女生平均成绩进行汇总

图 4 - 8 - 12

操作提示：

（1）分类汇总之前需要先进行排序，排序操作如图4 - 8 - 13 所示。

图 4 - 8 - 13

（2）第一级【分类汇总】对话框设置如图4－8－14所示。

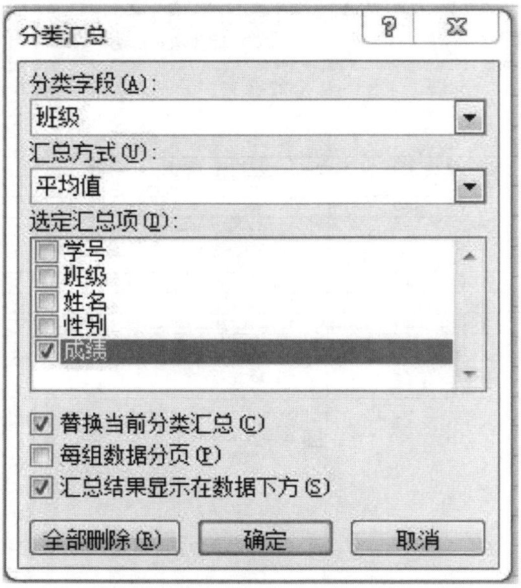

图4－8－14

（3）第二级【分类汇总】对话框设置如图4－8－15所示。

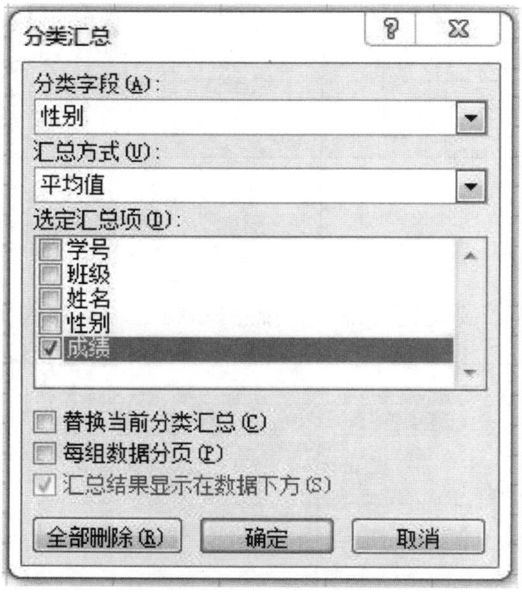

图4－8－15

（4）最终效果如图4－8－16所示。

	A	B	C	D	E
1	学号	班级	姓名	性别	成绩
2	ds01512	ds015	邝艺豪	男	154
3	ds01513	ds015	李静文	男	113
4	ds01518	ds015	梁锦笑	男	99
5	ds01541	ds015	周娥	男	86
6				男 平均值	113
7	ds01544	ds015	周燕秋	女	171
8	ds01504	ds015	陈卓淳	女	146
9	ds01535	ds015	赵斯莹	女	137
10	ds01503	ds015	陈文连	女	136
11	ds01534	ds015	赵淑品	女	134
12	ds01510	ds015	黄紫怡	女	120
13	ds01515	ds015	李秋莲	女	120
14	ds01509	ds015	黄丽珍	女	118
15	ds01511	ds015	黄泳珠	女	101
16	ds01533	ds015	张有玲	女	96
17	ds01506	ds015	冯燕珊	女	95
18	ds01542	ds015	周丽	女	90
19	ds01507	ds015	何卫燕	女	87
20				女 平均值	119.3076923
21		ds015 平均值			117.8235294
22	ds01650	ds016	梁海燕	男	111
23				男 平均值	111
24	ds01627	ds016	翁冬淳	女	158
25	ds01632	ds016	吴小容	女	144
26	ds01605	ds016	杜坤玲	女	136
27	ds01604	ds016	邓海燕	女	134
28	ds01613	ds016	蔡玉芳	女	126
29	ds01641	ds016	赵静敏	女	101
30	ds01609	ds016	黄淑敏	女	98
31	ds01648	ds016	周玉华	女	95
32	ds01621	ds016	林晓玲	女	93
33	ds01649	ds016	周玉屏	女	93
34	ds01611	ds016	黄雅婷	女	88
35	ds01635	ds016	俞凤娇	女	88
36	ds01640	ds016	张人骅	女	84
37				女 平均值	110.6153846
38		ds016 平均值			110.6428571
39	kj01548	kj015	张明	男	127
40	kj01532	kj015	马飞燕	男	109
41	kj01507	kj015	郭赏	男	99
42	kj01521	kj015	李鑫恩	男	96
43				男 平均值	107.75
44	kj01514	kj015	何月娟	女	118
45	kj01506	kj015	范水莲	女	115
46	kj01530	kj015	刘念汝	女	114
47	kj01528	kj015	林敏华	女	100
48	kj01519	kj015	邝锦梅	女	99
49	kj01511	kj015	何桂芳	女	97
50	kj01517	kj015	黄晋如	女	92
51				女 平均值	105
52		kj015 平均值			106
53				总计平均值	112.3333333

图 4-8-16

159

项目3

打开"学生信息表.xlsx"，分别在工作表"学生资料1""学生资料2"中，完成以下操作。

（1）对户口性质分类汇总，统计人数。

（2）对班级分类汇总，统计班级人数。

自由园地

收集本周各班常规得分情况，制作表格"一职校第×周常规统计表.xlsx"。表格包括字段：序号、部门、班级、周一、周二、周三、周四、周五、平均分。对表中数据内容进行分类汇总，分类字段为"部门"，汇总方式为"平均值"，汇总项为"周一、周二、周三、周四、周五、平均分"。汇总结果显示在数据下方，保存数据。

案例9 某公司销售情况表——创建数据图表

任务描述

翼婵是某公司销售部职员，在数次销售部讨论会上翼婵留意到销售统计图比销售统计表更直观，更有利于表达自己的观点，于是在处理销售数据时翼婵都会将统计表转化成统计图。让我们一起看看翼婵是如何将表转化成图的吧！

练习要点

- 创建数据图表
- 设置数据图的格式

操作步骤

（1）打开"某公司销售情况表.xlsx"，在"公司A销售情况"工作表中，选取A2：B6单元格区域数据建立"簇状条形图"，统计A公司在全国各区的销售情况。图表标题为"公司A销售情况"，图例位置靠右，将图插入到该工作表的A8：G22单元格区域内。

（2）首先正确地选择创建图表的数据源，选取连续的单元格区域使用鼠标直接拖曳，选取不连续的单元格区域需要配合"Ctrl"键进行选择。选中单元格A2：B6区域，点击【插入】｜【条形图】｜【簇状条形图】操作方法如图4-9-1所示。

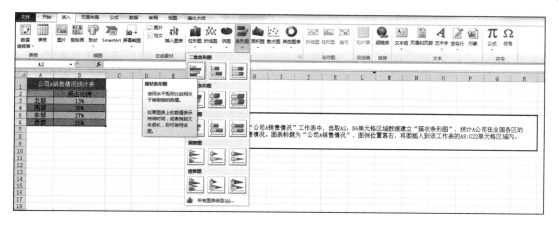

图 4 - 9 - 1

（3）修改图表标题"所占比例"为"公司 A 销售情况统计表"；点击图表工具下【布局】｜【图例】｜【在右侧显示图例】，如图 4 - 9 - 2 所示。

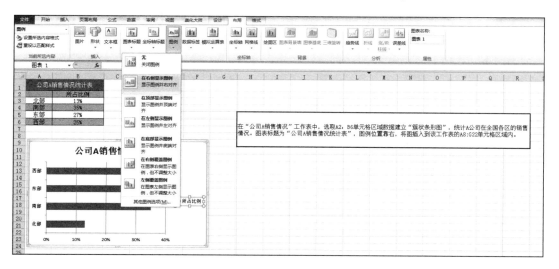

图 4 - 9 - 2

（4）调整图的大小并将图移动至单元格区域 A8：G22 间，最终效果如图 4 - 9 - 3 所示。

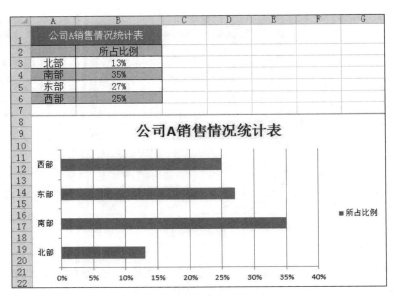

图 4 - 9 - 3

（5）打开图表美化工作表，按照表中红色框线中的要求对图表进行格式化设置。灵活使用图表中的相关设置，最终效果如图 4 - 9 - 4 所示。

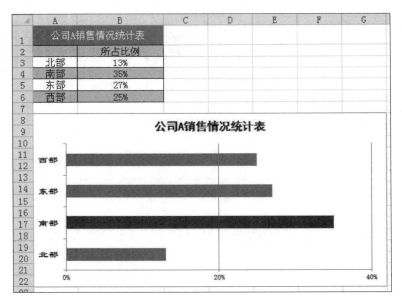

图 4 - 9 - 4

 项目训练

项目 1

打开文档"销售数量统计表.xlsx",按要求完成如下操作:

在"销售单"工作表中,选取 A2: A6 和 C2: D6 单元格区域数据建立"簇状柱形图",以型号为 X 轴上的项,统计某型号产品每个月销售数量(系列产生在"列"),图表标题为"销售数量统计图",图例位置靠上,设计样式 2 将图插入到该工作表的 A8: G17 单元格区域内。最终效果如图 4 - 9 - 5 所示。

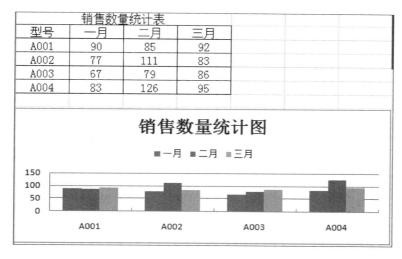

销售数量统计表			
型号	一月	二月	三月
A001	90	85	92
A002	77	111	83
A003	67	79	86
A004	83	126	95

图 4 - 9 - 5

项目 2

打开文档"打开销售报表.xlsx",根据数据"商品名称""销售员""占总金额百分比"创建一个饼图,按以下操作要求完成图表的格式化,最终效果如图 4 - 9 - 6 所示。

(1)图表的移动、复制、缩放和删除。

(2)图表类型的修改。

(3)图例格式的修改。

(4)修改图表标题的格式。

(5)修改坐标轴字体格式。

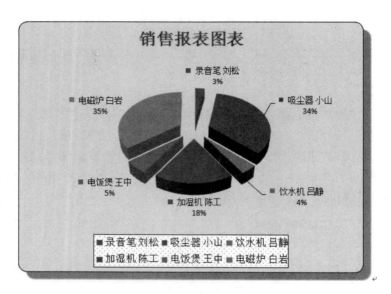

图 4 - 9 - 6

 自由园地

打开"创意求加薪.xlsx"文件，发挥创意按要求完成以下操作：

阿桑来公司工作已经半年了，工资一直是全组成员中的最低水平，在统计了全组成员的销售业绩后，效果如图 4 - 9 - 7 所示。阿桑决定向老板提出要求加薪，你能帮帮她吗？做一个一目了然又能表明自己加薪目的的图表，打印后呈现给老板。创意决定你的说服力。

	A	B 阿桑的业绩	C 梓夕的业绩	D 轻陌的业绩	E 阿轩的业绩	F 大雄的业绩
1		阿桑的业绩	梓夕的业绩	轻陌的业绩	阿轩的业绩	大雄的业绩
2	1月	6	12	7	24	65
3	2月	18	19	9	16	26
4	3月	49	14	6	18	38
5	4月	60	26	8	25	47
6	5月	78	15	26	16	69
7	6月	82	28	15	43	86

图 4 - 9 - 7

案例 10　员工工资信息表——创建数据透视图表

 任务描述

　　某公司新入职财务李静接手了一项新任务：对公司员工工资信息表进行处理。按性别对员工进行分类，计算不同性别的员工总数；按部门对员工进行分类，计算不同部门的员工总数。李静回想起曾经学过的数据透视图表的相关知识，快速地解决了这个问题。下面让我们看看她是如何轻松应对的！

 练习要点

- 数据透视表的建立方法
- 数据透视图的创建方法

 操作步骤

　　（1）打开"员工工资信息表.xlsx"，将员工信息表中的数据选中，即选中单元格区域 B3：G17，点击【插入】｜【数据透视表】，操作方法如图 4 - 10 - 1 所示。

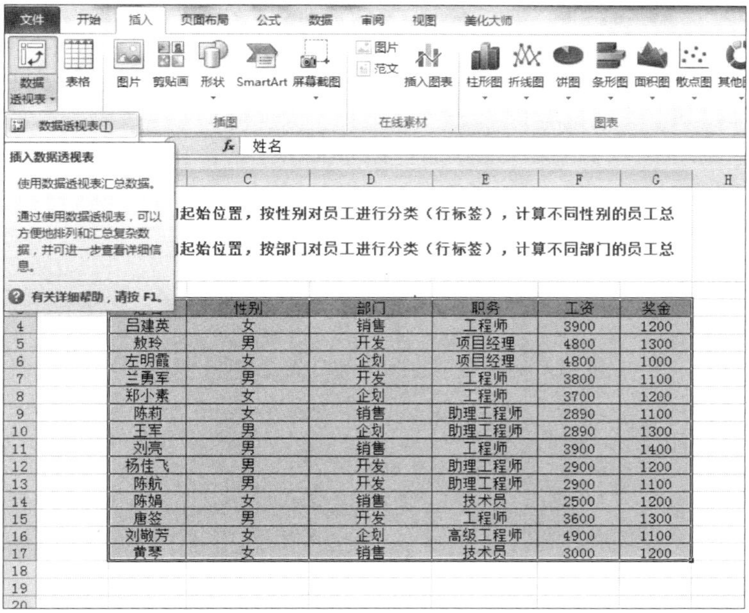

图 4 - 10 - 1

（2）在弹出的【创建数据透视表】中做如图 4 – 10 – 2 所示设置。

图 4 – 10 – 2

（3）随后弹出【数据透视表字段列表】对话框，对该对话框做如图 4 – 10 – 3 所示设置。将性别字段拖曳到【行标签】项，将姓名字段也拖曳到【行标签】项，注意性别字段在上，姓名字段在下。亦可调整性别字段和姓名字段的顺序，观察结果有何不同。最终效果如图 4 – 10 – 4 所示。

图 4 – 10 – 3

	姓名	性别	部门	职务	工资	奖金		行标签	▼ 计数项:姓名
	吕建英	女	销售	工程师	3900	1200		⊟ 男	7
	敖玲	男	开发	项目经理	4800	1300		敖玲	1
	左明霞	女	企划	项目经理	4800	1000		陈航	1
	兰勇军	男	开发	工程师	3800	1100		兰勇军	1
	郑小素	女	企划	工程师	3700	1200		刘亮	1
	陈莉	女	销售	助理工程师	2890	1100		唐签	1
	王军	男	企划	助理工程师	2890	1300		王军	1
	刘亮	男	销售	工程师	3900	1400		杨佳飞	1
	杨佳飞	男	开发	助理工程师	2900	1200		⊟ 女	7
	陈航	男	开发	助理工程师	2900	1100		陈娟	1
	陈娟	女	销售	技术员	2500	1200		陈莉	1
	唐签	男	开发	工程师	3600	1300		黄琴	1
	刘敏芳	女	企划	高级工程师	4900	1100		刘敏芳	1
	黄琴	女	销售	技术员	3000	1200		吕建英	1
								郑小素	1
								左明霞	1
								总计	14

题目:
1、以I3为透视表的起始位置，按性别对员工进行分类（行标签），计算不同性别的员工总数（数值）。
2、以L3为透视表的起始位置，按部门对员工进行分类（行标签），计算不同部门的员工总数（数值）。

图 4 - 10 - 4

（4）选中单元格区域 B3：G17，点击【插入】｜【数据透视表】，在弹出的【创建数据透视表】中做如图 4 - 10 - 5 所示设置。

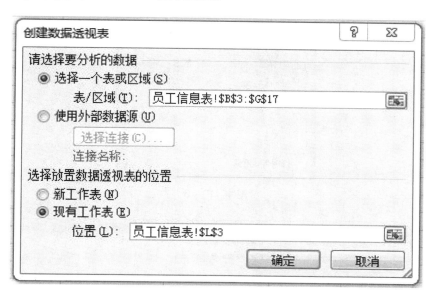

图 4 - 10 - 5

（5）随后弹出【数据透视表字段列表】对话框，对该对话框做如图 4 - 10 - 6 所示设置。将性别字段拖曳到【行标签】项，将姓名字段也拖曳到【行标签】项，注意部门字段在上，姓名字段在下。最终效果如图 4 - 10 - 7 所示。

数据透视表字段列表

选择要添加到报表的字段：

- ☑ 姓名
- ☐ 性别
- ☑ 部门
- ☐ 职务
- ☐ 工资
- ☐ 奖金

在以下区域间拖动字段：

▽ 报表筛选　　　　▦ 列标签

▦ 行标签　　　　Σ 数值

行标签	数值
部门　▼	计数项:姓名　▼
姓名　▼	

☐ 推迟布局更新　　　　　更新

图 4 – 10 – 6

题目：
1、以I3为透视表的起始位置，按性别对员工进行分类（行标签），计算不同性别的员工总数（数值）。
2、以L3为透视表的起始位置，按部门对员工进行分类（行标签），计算不同部门的员工总数（数值）。

姓名	性别	部门	职务	工资	奖金
吕建英	女	销售	工程师	3900	1200
敖玲	男	开发	项目经理	4800	1300
左明霞	女	企划	项目经理	4800	1000
兰勇军	男	开发	工程师	3800	1100
郑小素	女	企划	工程师	3700	1200
陈莉	女	销售	助理工程师	2890	1100
王军	男	企划	助理工程师	2890	1300
刘亮	男	销售	工程师	3900	1400
杨佳飞	男	开发	助理工程师	2900	1200
陈航	男	开发	助理工程师	2900	1100
陈娟	女	销售	技术员	2500	1200
唐签	男	开发	工程师	3600	1300
刘敬芳	女	企划	高级工程师	4900	1100
黄琴	女	销售	技术员	3000	1200

行标签	计数项:姓名
男	7
敖玲	1
陈航	1
兰勇军	1
刘亮	1
唐签	1
王军	1
杨佳飞	1
女	7
陈娟	1
陈莉	1
黄琴	1
刘敬芳	1
吕建英	1
郑小素	1
左明霞	1
总计	14

行标签	计数项:姓名
开发	5
敖玲	1
陈航	1
兰勇军	1
唐签	1
杨佳飞	1
企划	4
刘敬芳	1
王军	1
郑小素	1
左明霞	1
销售	5
陈娟	1
陈莉	1
黄琴	1
刘亮	1
吕建英	1
总计	14

图 4 – 10 – 7

项目训练

项目1

打开文档"学生成绩表.xlsx",按要求完成如下操作:

以 I2 为起始位置放置数据透视表,以 K2 为起始位置放置数据透视图,以"姓名"为行标签,对"语文"列的成绩进行求和计算。透视图以姓名为横轴,以语文成绩为纵轴。纵轴主刻度为"20",横轴标签间隔为"2",系列填充色为"紫色",透明色为"10%"。最终效果如图 4 – 10 – 8 所示。

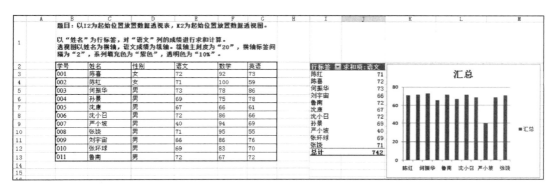

图 4 – 10 – 8

项目2

打开文档"ex2.xls",按要求完成如下操作:

建立数据透视表,显示各个系选修各门课的平均成绩及汇总信息,插入现有工作表 F1 单元格的位置;设置数据透视表内数字为数值型,保留小数点后 1 位。最终效果如图 4 – 10 – 9 所示。

	A	B	C	D	E	F	G	H
1	系别	学号	姓名	课程名称	成绩	平均值项:		
2	信息	991021	李新	多媒体技术	74	系别	课程名称	汇总
3	计算机	992032	王文辉	人工智能	87	计算机	多媒体技术	73.0
4	自动控制	993023	张磊	计算机图形学	65		计算机图形学	73.0
5	经济	995034	郝心怡	多媒体技术	86		人工智能	88.5
6	信息	991076	王力	计算机图形学	91	计算机 汇总		79.2
7	数学	994056	孙英	多媒体技术	77	经济	多媒体技术	83.0
8	自动控制	993021	张在旭	计算机图形学	60		计算机图形学	71.0
9	计算机	992089	金翔	多媒体技术	73		人工智能	69.0
10	计算机	992005	杨海东	人工智能	90	经济 汇总		76.5
11	自动控制	993082	黄立	计算机图形学	85	数学	多媒体技术	80.7
12	信息	991062	王春晓	多媒体技术	78		人工智能	73.0
13	经济	995022	陈松	人工智能	69	数学 汇总		77.6
14	数学	994034	姚林	多媒体技术	89	信息	多媒体技术	75.3
15	信息	991025	张雨涵	计算机图形学	62		计算机图形学	76.5
16	自动控制	993026	钱民	多媒体技术	66		人工智能	87.0
17	数学	994086	高晓东	人工智能	78	信息 汇总		77.3
18	经济	995014	张平	多媒体技术	80	自动控制	多媒体技术	70.5
19	自动控制	993053	李英	计算机图形学	93		计算机图形学	75.8
20	数学	994027	黄红	人工智能	68		人工智能	77.0
21	信息	991021	李新	人工智能	87	自动控制 汇总		74.8
22	自动控制	993023	张磊	多媒体技术	75	总计		76.9
23	信息	991076	王力	多媒体技术	81			
24	自动控制	993021	张在旭	人工智能	75			
25	计算机	992005	杨海东	计算机图形学	67			
26	经济	995022	陈松	计算机图形学	71			
27	信息	991025	张雨涵	多媒体技术	68			
28	数学	994086	高晓东	多媒体技术	76			
29	自动控制	993053	李英	人工智能	79			
30	计算机	992032	王文辉	计算机图形学	79			

图 4－10－9

项目 3

1. 打开"学生信息表 1. xlsx"，用数据透视表回答以下问题。答案分别完成于相应的工作表中。

（1）06 级各班住校人数？

（2）07 级各班学生有多少人？

（3）06 级各班学生按男/女操行平均分？

（4）07 级各班学生住校/走读对应的男/女有多少人？

2. 打开"学生信息表 2. xlsx"，用数据透视表回答以下问题，答案分别完成于相应的工作表中。

（1）统计出电商 071 班、会计 061 班、网络 061 班、高职 061 班的男女人数，根据结果生成三维簇状柱形图。

（2）统计出各个民族的男女人数，根据统计结果生成折线图。

 自由园地

回顾案例 8 自由园地的练习：收集本周各班常规得分情况，制作表格"一职校第×周常规统计表 . xlsx"。表格包括字段：序号、部门、班级、周一、周二、周三、周四、周五、平均分。对表中数据内容进行分类汇总，分类字段为：部门，汇总方式为：平均值，汇总项为：周一、周二、周三、周四、周五、平均分。汇总结果显示在数据下

方，保存数据。

利用已经完成的表格"一职校第×周常规统计表 . xlsx"进行数据处理，尝试制作显示各部门本周常规平均分的数据透视图及数据透视表。

案例 11　主校区常规分数汇总——打印工作表

任务描述

小林为珠海市第一中等职业学校学生处一名干事，刚入职就接到打印主校区常规分数汇总表的任务。要求首先对该表进行格式化设置，其次对页面、页眉和页脚、背景等均有要求。下面我们跟随小林一起学习打印工作表中可能会遇到的问题。

练习要点

● 工作表页面设置的方法

操作步骤

（1）打开"主校区常规分数汇总 . xlsx"，对表格进行以下格式设置：标题之外的表格区域行高设为 12，列宽设为 8；A1 - M1 单元格合并居中，字体设置为"宋体、加粗、24 磅"，给表格区域加上黑色边框。操作结果如图 4 - 11 - 1 所示。

图 4 - 11 - 1

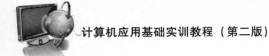

（2）点击【页面设置】对话框，分别对【页面】、【页边距】、【页眉/页脚】、【工作表】做符合要求的设置。【页面】设置如图 4 –11 –2 所示，【页边距】设置如图 4 –11 –3 所示，【页眉/页脚】设置如图 4 –11 –4 所示，【工作表】设置如图 4 –11 –5 所示。

图 4 –11 –2

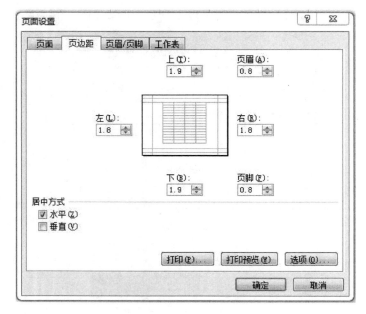

图 4 –11 –3

图 4 - 11 - 4

图 4 - 11 - 5

（3）最终效果如图 4 - 11 - 6 所示。

珠海市第一中等职业学校

主校区常规分数汇总

序号	班级	礼仪	社团	早操	早读	午休	眼操	环保	晚自习	宿舍	纪律	总分
1	航空121	8	10	7.5	10	10	10	9.9	8	10	9	92.4
2	航空122	10	10	9.4	10	9	10	9.9	9	10	10	97.3
3	酒店121	7	10	9.1	10	10	10	10	10	10	10	96.1
4	酒店122	8	10	9.5	10	10	10	9.9	9	8	10	94.4
5	酒店123	10	10	8.5	10	10	10	10	9	10	10	97.5
6	温泉121	9	10	9.2	10	10	10	5.4	10	10	9	92.6
7	航空131	10	10	9.4	10	10	10	10	10	9	9	97.4
8	航空132	7	10	9.4	10	8	10	10	9	9	10	92.4
9	酒店131	9	10	9.4	10	10	10	9.9	10	10	9	97.3
10	酒店132	10	10	9.4	10	10	10	10	9	9	10	97.4
11	酒店133	10	10	9.4	10	6	10	10	9	10	10	94.4
12	酒店134	10	10	9.3	10	10	10	9.5	10	10	9	97.8
13	平面121	10	10	8.3	10	10	10	10	10	10	10	98.3
14	平面122	10	10	9.5	10	10	10	9.8	10	10	9	98.3
15	动画121	10	10	9.4	10	10	10	6.4	10	10	10	95.8
16	室内121	10	10	9.4	10	10	10	9.9	10	9	10	98.3
17	室内122	10	10	9.1	10	10	10	9.9	10	10	10	99
18	应用121	10	10	9.5	10	10	10	9.7	10	10	8	97.2
19	应用122	10	10	9.2	10	8	10	9.5	10	10	10	96.7
20	平面131	5	10	9.4	10	10	10	9.5	10	8	10	91.9
21	平面132	10	10	8.8	10	10	9	9	9	10	10	95.8
22	动画131	9	10	9.3	10	10	10	10	10	8	10	95.3
23	室内131	10	10	9.4	10	7	10	9.7	10	9	10	95.1
24	应用131	10	10	8.8	10	10	10	10	10	10	10	98.8
25	应用132	10	10	8.5	10	10	10	9.3	8	8	10	93.8
26	电商121	6	10	5	10	10	10	9.9	9	10	5	84.9
27	电商122	10	10	9.1	10	10	10	10	10	10	10	99.1
28	物信121	8	10	9.2	10	10	10	10	10	10	9	96.2
29	物信122	9	10	8.6	10	10	10	9	2	9	10	87.6
30	电商131	10	10	9.5	10	10	10	9.9	7	10	10	96.4
31	电商132	10	10	9.4	10	10	10	10	9	10	10	98.4
32	物信131	5	10	9.3	10	10	10	9	10	8	10	91.3
33	物信132	10	10	9.3	10	10	9	10	10	10	10	98.3
34	楼智121	7	10	8.7	10	7	10	9.5	9	9	10	90.2
35	目控121	9	10	9.3	10	10	10	5.6	10	10	4	87.9
36	电光121	10	10	9.2	10	10	10	10	10	10	10	99.2

图 4 – 11 – 6

自由园地

　　利用 Excel 软件制作本班期中考试成绩统计表，统计本班所有学生各科成绩，并对数据进行合理处理，统计出每位学生优秀的科目数、每门课程的优秀率，并打印输出。

第五章　PPT 演示文稿

案例 1　校园社团简介——制作简单的演示文稿

 任务描述

今天社团老师交给我一个重要的任务，制作一个关于学校社团介绍的 PPT。这对于从未接触过 PowerPoint 的我来说着实有点难，不如我们跟着操作步骤一起来试试吧！

 练习要点

- 插入新幻灯片
- 更改设计主题
- 添加项目符号
- 插入"SmartArt 图形"
- 格式化字符

 操作步骤

（1）启动 PowerPoint 2010，使用【文件】｜【保存】选项卡或点击相应的快捷方式，保存文件，文件命名为"校园社团简介 . pptx"。

（2）单击"单击此处添加第 1 张幻灯片"文本框添加第 1 张幻灯片，选择"单击此处添加副标题"文本框，输入"校园社团简介"标题，如图 5－1－1 所示。

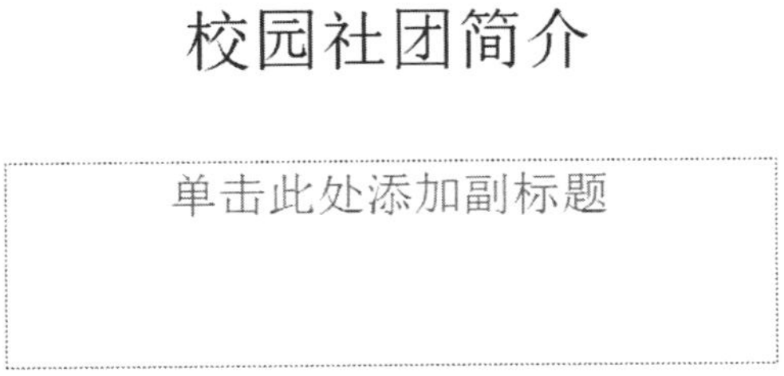

校园社团简介

单击此处添加副标题

图 5－1－1

（3）在第 1 张幻灯片后面，插入一张新幻灯片，如图 5－1－2 所示。

图 5－1－2

（4）选择第 2 张幻灯片，输入文字，如图 5－1－3 所示。

图 5－1－3

（5）插入一张新幻灯片，打开“文字素材 . docx”，使用“复制/粘贴”命令将文字粘贴至相应的文本框中，如图 5－1－4 所示。

图 5－1－4

（6）用同上的方法插入第4张、第5张幻灯片，并粘贴相应的文字。

（7）选择【设计】选项卡中"聚合"主题设计样式，如图5－1－5所示，并保存文件。

图5－1－5

 项目训练

项目1

新建PPT文件，命名为"PPT逻辑和图形呈现.pptx"，按要求完成如下操作：

（1）单击添加第1张幻灯片，选择幻灯片设计模板为"奥斯汀"；在第一张幻灯片中添加标题"PPT逻辑和图形呈现"，字体为"黑体，32号，加粗"样式，删除副标题文本框。

（2）插入第2张幻灯片，添加标题"完美呈现的三部曲"，字体为"圆幼，40号，加粗"，在正文部分输入第1段输入"格式正确：首先在直观上让人感觉美观，便于阅读"，第2段输入"逻辑清晰：让人在短时间内获得你想传递的信息"，第3段输入"应用灵活：以呈现目的为出发，综合应用各种技巧，让人印象深刻"，在每一段的前面加项目符号"❌"。

（3）复制第2张幻灯片，将正文文本框里的内容删除，标题保留，插入"SmartArt图形"中关系图形下的"基本维恩图"，分别在3个圆图中输入"应用灵活""格式正确""逻辑清晰"，设置字体"宋体，28号，加粗，黑色"。在3个圆图的中心处插入文本框，输入"PPT的呈现准备"，设置字体"宋体，28号，加粗，蓝色"。

（4）新建第4张幻灯片，输入标题"对于格式：PPT呈现的基本原则"，选择"加粗"，在正文文本框中输入"呈现的基本原则：①幻灯片布局要满，中间要留白；②图

计算机应用基础实训教程（第二版）

形比表格好，表格比文字（数字）好；③逻辑比内容重要，内容比形式重要；④简单比复杂好，一切以呈现目的为依据。"每一点设置为一段。

（5）将第 4 张幻灯片中的正文部分文本框边框改为"绿色，深色 25%，2.25 磅短画线"，文本框填充"浅绿，浅色 40%"。保存演示文稿，最终效果如图 5 - 1 - 6、图 5 - 1 - 7 所示。

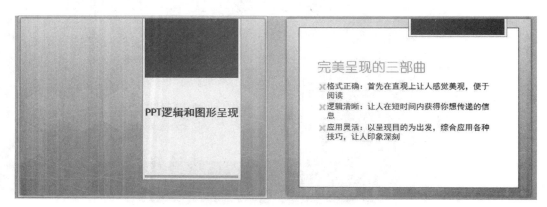

图 5 - 1 - 6

图 5 - 1 - 7

项目 2

新建 PPT 文件，命名为"十二生肖图．pptx"，按要求完成如下操作：

（1）选择合适的主题模板，更换版式为"仅标题"。

（2）根据效果图插入"基本循环"SmartArt 图形，添加文字，更改图形的颜色为"彩色－强调文字颜色"，样式为"白色轮廓"，添加阴影，调整图形大小，并移动到合适的位置，保存演示文稿，最终效果如图 5 - 1 - 8 所示。

178

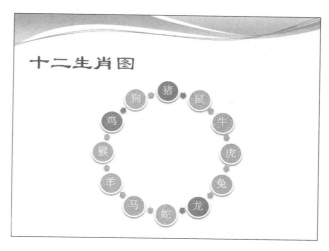

图 5 - 1 - 8

自由园地

新建 PPT 文件，命名为"我的社团简介 . pptx"，按要求完成如下操作：

（1）根据自己所参与的社团的情况和特点，做一个简单的社团介绍。

（2）要求制作 4 张 PPT，第 1 张输入社团名称，第 2 张简单介绍该社团的主要特点，第 3 张利用 SmartArt 图形介绍该社团的优势，第 4 张利用艺术字体设计"欢迎加入！"字样，保存演示文稿，最终效果如图 5 - 1 - 9 所示。

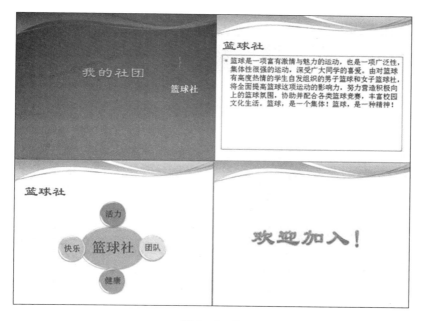

图 5 - 1 - 9

案例2　主题班会设计——修饰幻灯片的外观

 任务描述

中秋节是中国的传统节日，班级决定通过开展一次中秋节主题班会，让同学们了解中国传统节日中所蕴含的文化和习俗。下面让我们一起跟着步骤试一试美化自己的班会PPT吧！

 练习要点

- 添加主题
- 修改配色方案
- 修改幻灯片版式
- 更改幻灯片背景
- 添加图片

 操作步骤

（1）启动 PowerPoint 2010，打开"中秋节主题班会设计.pptx"，选择【设计】选项卡中的"跋涉"设计样式，修改主题颜色为"凤舞九天"，如图 5 - 2 - 1 所示。

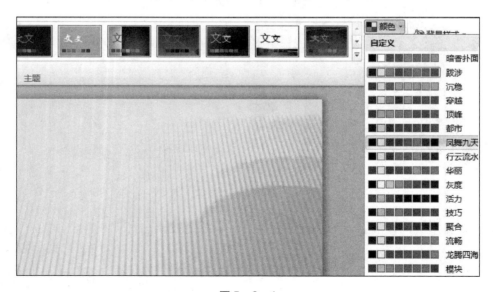

图 5 - 2 - 1

（2）单击第1张幻灯片，在编辑区任意空白处单击右键快捷菜单中的"设置背景格式"命令，插入来自文件的"中秋"素材图片，设置"偏移量"中的左、右方向的参数为"0%"，如图5-2-2所示。

图 5-2-2

（3）在第2张幻灯片中，选择【开始】｜【版式】选项卡中的"垂直排列标题与文本"版式，诗词部分设置"缩进""文本之前"为1.5厘米，如图5-2-3所示。

图 5-2-3

（4）设置第3张幻灯片正文部分行距为"1.5倍行距"。

（5）设置第4张幻灯片正文，字体为"48号，深红"样式。

（6）在第5张幻灯片中，选择【开始】｜【版式】选项卡中的"两栏内容"版式，单击幻灯片右侧文本框中的"插入来自文件的图片"插入"赏月"素材图片。运用同样的方法修改第6张和第7张幻灯片的版式并插入相应的图片，如图5-2-4所示。

（7）在最后一张幻灯片中，更改版式为"标题幻灯片"，设置"最后祝大家中秋节快乐！"文字字体为"54号，深红"样式，并移动至相应的位置，并保存文件。

图 5－2－4

 项目训练

项目1

打开"中秋节班会模板.pptx"文件，按要求完成如下操作：

（1）打开"中秋节班会模板.pptx"文件，选择【视图】选项卡中的"幻灯片母版"。

（2）单击第1张"office主题幻灯片母版"，右击工作区弹出快捷菜单，选择"设置背景格式"命令插入来自文件的"背景1"素材图片；选择第1级项目符号，运用【开始】选项卡中的"项目符号"命令更改项目符号为深红色"✖"样式，将第2级项目符号更改为深红色"✗"样式，其余的项目符号颜色均更改为深红色；删除"开业巨献，贺中秋！"文本框。

（3）单击第2张"标题幻灯片版式"，右击工作区弹出快捷菜单，选择"设置背景格式"命令，插入来自文件的"背景2"素材图片；设置正标题文字字体为"华文行楷，48，加粗，阴影，深红"样式，副标题文字字体设置为"宋体，26，加粗，黑色"样式。

（4）选择第4张"节标题版式"，运用【插入】选项卡中的"图片"命令插入"月饼"GIF图片到相应的位置，选择【格式】选项卡中的"设置透明色"命令任意单击图片白色区域删除白色背景，关闭母版。

（5）选择【设计】选项卡中"主题"功能区域中的"保存当前主题"命令保存主题，文件名为"中秋"，保存演示文稿，最终效果如图5－2－5所示。

图 5 - 2 - 5

项目 2

新建 PPT 文件，命名为"万圣节主题班会 . pptx"，按要求完成如下操作：

（1）参照效果图更换图片背景。

（2）插入"蝙蝠"和"帽子"图片，设置图片大小、位置及发光的样式。

（3）插入文本框，输入文字，美化文字，选择与"蝙蝠"同样的发光参数值设置发光效果。

（4）将文字开头"万圣节"字样添加网页超链接（百度百科万圣节），并将"主题颜色"中的"超链接"和"已访问的超链接"颜色更换为紫色。

（5）插入标题图片，复制/粘贴图片，分别对两张图片运用【格式】选项卡"艺术效果"命令中的"虚化"和"发光边缘"命令制作出特殊叠加的文字效果，保存演示文稿，最终效果如图 5 - 2 - 6 所示。

图 5 - 2 - 6

自由园地

打开网页，下载圣诞节主题模板，打开模板，按要求完成如下操作：

（1）下载的模板必须符合主题，幻灯片张数（包括首页和结束页）不少于 5 张。

（2）筛选出有用的素材，也可对素材进行加工。

（3）使用"母版"命令，删除网页、日期、LOGO 等水印。

（4）可运用艺术字、图片、SmartArt 图形等元素进行设计排版，保存文件。

案例 3　舌尖上的粤菜
——添加图形、表格、艺术字

 任务描述

中国美食文化博大精深，随着地域、时间的推移逐渐地形成了八大菜系。身处广东的我们也深深地热爱着专属于我们的菜系——粤菜，今天就让我们一起试试通过添加图形、表格、艺术字来制作一个图文并茂的关于美食的 PPT 吧！

 练习要点

- 添加图形并填充图片，更改图形形状
- 添加表格，修改单元格大小及对齐方式
- 运用表格样式美化表格
- 添加艺术字，修改艺术字的样式

 操作步骤

（1）启动 PowerPoint 2010，新建一个名为"舌尖上的粤菜 . pptx"的文件，选择【设计】选项卡中的"精装书"设计样式。

（2）单击第一张幻灯片，删除主标题和副标题文本框，插入快速样式为"填充 -橙色，强调文字颜色 2，粗糙棱台"的"舌尖上的粤菜"艺术字，并移至相应的位置，如图 5 - 3 - 1 所示。

（3）在第一张幻灯片中，单击【插入】选项卡"形状"中的"椭圆"形状，按住"Shift"键绘制正圆，在【格式】选项卡中调整形状的宽、高均为 2.7 厘米，单击图形选择右键快捷菜单中的"设置背景格式"，插入来自文件的"鲁菜"素材图片，调整"伸展选项"命令中的参数，使图形中的图片能更好地展示出来，运用同样的方法分别

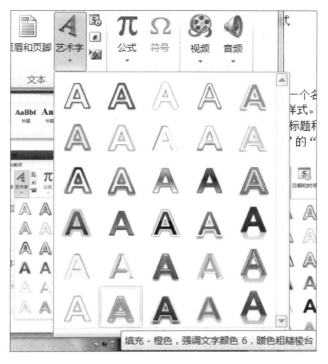

图 5 - 3 - 1

绘制圆形并插入"川菜、湘菜、粤菜、闽菜、浙菜、徽菜、苏菜"素材图片，调整图片。

（4）在第 1 张幻灯片中，选择"粤菜"的图形，在【格式】选项卡中"编辑形状"为"泪滴形"，设置"垂直翻转"和"水平翻转"，移至相应的位置让图形指向标题。

（5）在第 1 张幻灯片中，选中其他七大菜系代表的图形，设置【开始】选项卡"排列"下拉菜单"对齐"命令中的"上下居中"和"横向分布"，如图 5 - 3 - 2 所示。

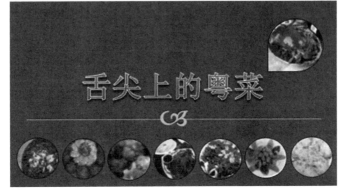

图 5 - 3 - 2

（6）插入第 2 张幻灯片，插入快速样式为"填充 – 深红，强调文字颜色 1，塑料棱台，映像"的"八大菜系"艺术字，并移至相应的位置。

（7）在第 2 张幻灯片中，插入 9 行 3 列的表格，输入文字，在【设计】选项卡中设置"中度样式 1 – 强调 2"表格样式，在【布局】选项卡中设置对齐方式为水平、垂直方向居中，如图 5 – 3 – 3 所示。

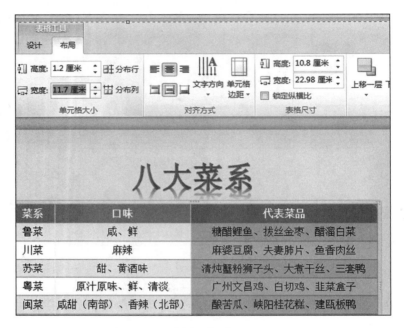

图 5 – 3 – 3

（8）添加第 3 张幻灯片，插入快速样式为"填充 – 深红，强调文字颜色 1，塑料棱台，映像"的"粤菜"艺术字标题，并移至相应的位置，输入正文，调整正文行距为"1.5 倍行距"。

（9）添加第 4 张幻灯片，更改版式为"图片与标题"，添加"广州文昌鸡"素材图片，插入快速样式为"填充 – 橙色，强调文字颜色 2，粗糙棱台"，"文本填充"为深红的"广州文昌鸡"艺术字标题，移至相应的位置；输入正文，调整正文为"18，华文楷体，左对齐，首行缩进"，运用同样的方法制作"白切鸡""韭菜盒子"的介绍幻灯片，并保存文件。

 项目训练

项目 1

新建 PPT 文件，命名为"米其林指南.pptx"，按要求完成如下操作：
（1）选择【设计】选项卡中的"视点"主题，更改版式为"空白"。

（2）选择【插入】选项卡中的"图表"命令插入"簇状柱形图"，打开"图表数据.xls"图表，将A1：C4区域内容复制到之前创建图表时弹出的表格中，观察幻灯片中图表数据的变换。

（3）单击图表，在【图表工具】|【设计】选项卡中，更改"图标样式"为"样式26"。

（4）在【图表工具】|【布局】选项卡中，在图表上方添加"米其林指南（香港、澳门）"图表标题，无图例，数据显示在"数据标签外"。如图5-3-4所示。

	A	B	C	D	E	F
1	米其林指南(香港、澳门)					
2		香港	澳门			
3	餐厅	244	46			
4	酒店	42	16			
5						
6						
7						
8		若要调整图表数据区域的大小，请拖拽区域的右下角。				

图5-3-4

（5）单击图表绘图区中的网格线，删除网格线，填充"画布"图案背景，保存文件，最终效果如图5-3-5所示。

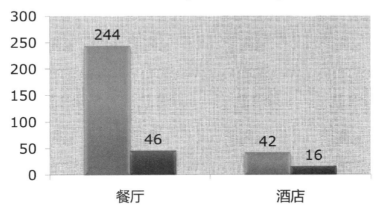

图5-3-5

项目训练

项目 2

新建 PPT 文件，命名为"目录 .pptx"，按要求完成如下操作：

（1）新建幻灯片，填充"信纸"图案背景。

（2）选择【插入】选项卡中的"形状"命令插入"矩形"形状，更改形状样式为"浅色 1 轮廓，彩色填充 – 水绿色，强调颜色 5"，形状轮廓为"无轮廓"。

（3）选择【插入】选项卡中的"形状"命令插入"圆角矩形"形状，更改形状样式为"浅色 1 轮廓，彩色填充 – 橙色，强调颜色 6"。

（4）运用同样的方法完成其他形状的绘制，并使用"对齐"下拉菜单中的相关命令对形状进行位置的调整。

（5）复制第 1 张幻灯片，参考效果图完成第 2 张幻灯片的绘制。

（6）复制第 2 张幻灯片，参考效果图完成第 3 张幻灯片的绘制。

（7）保存文件，最终效果如图 5 – 3 – 6 所示。

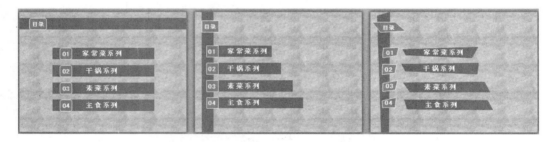

图 5 – 3 – 6

 自由园地

新建 PPT 文件，命名为"珠海美食汇 .pptx"，按要求完成如下操作：

（1）选择【设计】选项卡中合适的主题，插入"背景"图片文件。

（2）绘制白色正方形和黑色矩形，插入美食图片，使用"对齐"命令完成胶片效果。

（3）输入标题文字，设置字体大小、格式和颜色，保存文件，最终效果如图 5 – 3 – 7 所示。

图 5 - 3 - 7

案例 4　珠海景点介绍——添加多媒体对象

任务描述

通过前面的学习，我们已经掌握了如何在演示文稿中插入图片、艺术字、表格、图表等元素，但是光靠文字、图片和表格并不能完全体现出"中国旅游胜地四十佳"的美丽景色，今天这节课，我们来学习如何在演示文稿中插入音频、视频等元素。

练习要点

- 添加音频文件
- 音频文件的设置
- 添加视频文件
- 视频文件的设置

操作步骤

（1）启动 PowerPoint 2010，根据前面学习过的方法，插入文字、图片，以文件名"珠海景点介绍 . pptx"存于姓名文件夹下，如图 5 - 4 - 1、图 5 - 4 - 2 所示。

图 5 – 4 – 1

图 5 – 4 – 2

（2）在演示文稿的第 1 张幻灯片中插入音频文件"背景音乐 . mp3"，如图 5 – 4 – 3
所示。

图 5 – 4 – 3

（3）选中插入的"喇叭"标记，在选项卡【音频工具】中设置音频播放为"自动"，勾上"播放时隐藏"，调节音量为"中"。如图5-4-4所示。

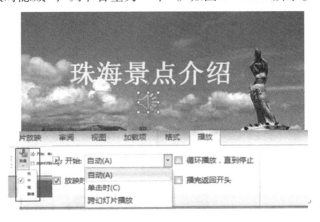

图5-4-4

（4）选择第3张幻灯片，输入文字，参照插入声音的方法，在文字下面插入"珠海风景"，并调整视频窗口到合适的大小。如图5-4-5、图5-4-6所示。

图5-4-5

图5-4-6

（5）选择第 1 张幻灯片，插入动作按钮，并为其设置超链接，实现幻灯片放映时的跳转，操作方法如图 5 - 4 - 7 所示。

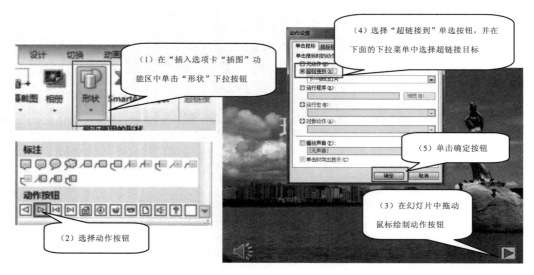

图 5 - 4 - 7

 项目训练

项目 1

新建 PPT 文件，命名为"网店推广.pptx"，按要求完成如下操作：

（1）单击添加第 1 张幻灯片，按照前面学过的方法制作 5 张幻灯片，输入文字，插入图片和自选图形。

（2）在第 1 张幻灯片中，插入音频文件"背景音乐.mp3"。操作方法如下：①在"插入"选项卡"媒体"功能区中单击"声音"下拉按钮；②选择"文件中的声音"命令，并选择声音文件；③选中插入的"喇叭"标记；④在"音频工具－播放"选项卡"音频选项"中选择播放声音为"自动"，勾选"放映时隐藏"选项。

（3）在第 5 张幻灯片中，参照插入声音的方法插入影片，并调节到合适的大小。

（4）在第 1 张幻灯片中插入一个动作按钮，设置其超链接到下一张幻灯片；第 2 张幻灯片中插入两个动作按钮，设置其中一个超链接到上一张幻灯片，另外一个超链接到下一张幻灯片；使用相同方法为其他几张幻灯片设置动作按钮。

（5）在第 4 张幻灯片中，选择其中的一张图片，在"插入"选项卡"链接"功能区中单击"超链接"，在弹出窗口中选择"本文档中的位置"，在"请选择文档中的位置"下面框中选择幻灯片标题"3.'黎黎'最乖网店介绍"，然后单击"确定"，使本张图片超链接到第 3 张幻灯片。用相同的方法，设置另外两张图片超链接到第 3 张幻灯片，保存文件，最终效果如图 5 - 4 - 8 所示。

图 5 - 4 - 8

项目 2

新建 PPT 文件，命名为"悠悠球宣传 . pptx"，按要求完成如下操作：

（1）以"亚太地区悠悠球比赛"为主题，制作一个宣传悠悠球的演示文稿。

（2）使用"文字素材 . docx"文件中的素材，参照前阶段所学内容对悠悠球进行介绍和宣传。

（3）在 PPT 最后一页插入视频文件，设置文件播放方式为"循环播放，直到停止"，开始方式为"单击时"。

（4）剪裁视频，截取自己需要的视频片断。

（5）使用"视频工具"→"格式"→"调整"选项卡→标牌框架，以视频内某一帧作为框架。

（6）调整视频大小，在"视频样式"中选择自己喜欢的外形，并应用到视频。保存文件，添加视频页面的效果如图 5 - 4 - 9 所示。

图 5 - 4 - 9

自由园地

新建 PPT 文件，命名为"江南水乡.pptx"，按要求完成如下操作：

（1）第1张幻灯片插入"春江花月夜"的音乐文件，设置为"放映时隐藏"，并且跨 PPT 播放。

（2）要求：将第2张幻灯片的图链接到对应的幻灯片图片中。

（3）每张图片幻灯片设置返回按钮返回到第2张幻灯片。

（4）第1张幻灯片使用"随机垂直条"。

（5）第2张幻灯片使用"向左擦除"，里面的图片按顺序添加从右侧"飞入"的动画效果。

（6）第3到第7张幻灯片中的图片设置动画效果为"浮动"。

（7）第8张幻灯片添加一个蓝色的条形框，形状效果设置为"预设1"，设置动画效果为"擦除"和"补色"，与上一动画同时进行，保存文件。

案例5　萤火虫找真爱——幻灯片放映设计

任务描述

我们都很喜欢看动画片，动画是通过把人物的表情、动作、变化等分解后画成许多动作瞬间的画幅，再用摄影机连续拍摄成一系列画面，给视觉造成连续变化的图画。感觉动画的制作应该很难吧，不过听说 PPT 也可以完成简单的动画效果，下面我们跟着操作步骤一起来试试吧！

练习要点

- 添加动画
- 绘制动作路径
- 动作路径的调整和设置
- 速度的调整

操作步骤

（1）启动 PowerPoint 2010，打来"范例一.pptx"，单击第2张幻灯片，选择【动画】选项卡，调出"动画窗格"，如图 5-5-1 所示。

图 5-5-1

（2）单击英文字母"I love you"文本框，选择"添加动画"下拉菜单中的"淡出"进入效果，开始栏设置为"与上一动画同时"，持续时间为"中速 2 秒"。

（3）再次单击英文字母"I love you"文本框，添加"放大/缩小"强调动画，设置开始为"与上一动画同时"，持续时间为"1 秒"，在动画窗格处选择该动画效果，右键选择"计时"，设置重复为"直到幻灯片末尾"，如图 5 - 5 - 2 所示。

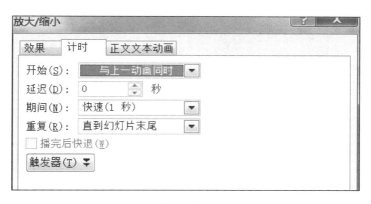

图 5 - 5 - 2

（4）单击背景的"云朵"图片，选择"添加动画"下拉菜单中的"自定义路径"，添加向左的"直线"路径，设置开始为"与上一动画同时"，持续时间为"5 秒"，延迟"0 秒"。

（5）设置泡泡路径，选择"添加动画"下拉菜单中的"自定义路径"，绘制泡泡进入的路线，如图 5 - 5 - 3 所示，设置路径动画开始为"与上一动画同时"，持续时间为 3 秒，延迟 0.4 秒，利用同样的方法设置其他泡泡的路径，适当改变持续时间和延时，如图 5 - 5 - 3 所示。

图 5 - 5 - 3

（6）利用同样的方法设置蝴蝶进入的路径动画，设置开始为"与上一动画同时"，持续时间为"2秒"，延迟为"1.5秒"，如图5-5-4所示。

图5-5-4

（7）选择白色"星星点点"图，添加"浮出"退出动画，效果选项为"下浮"，动画开始选择"与上一动画同时"，持续时间为"1秒"，延迟"0秒"。

（8）播放观看动画效果，将最后的结果保存。

 项目训练

项目1

制作"萤火虫找真爱.pptx"，按要求完成如下操作：

（1）打开"萤火虫找真爱（创意练习）.pptx"文件，选择"月亮和月亮的光线"，添加进入画效果为"飞入"，设置开始为"与上一动画同时"，持续时间"1秒"，无延迟。

（2）选择"月亮的光线"，添加强调动画效果为"脉冲"，设置开始为"与上一动画同时"，持续时间"2秒"，延迟"1秒"，设置计时为"直到幻灯片末尾"。

（3）随机设置白色亮点和黄色亮点的动作路径，设置开始为"与上一动画同时"，适当地调整不同的持续时间和延迟，并将黄色亮点落在爱心处。

（4）选择"黄色亮点"，添加强调动画效果为"闪烁"，设置开始为"与上一动画同时"，持续时间"0.5秒"，无延迟，设置计时为"直到幻灯片末尾"。

（5）选择"爱心"添加强调动画效果为"闪烁"，设置开始为"与上一动画同时"，持续时间"0.5秒"，无延迟，设置计时为"直到幻灯片末尾"，保存演示文稿。

项目2

制作"擦除效果.pptx"，按要求完成如下操作：

（1）打开"擦除效果.pptx"文件，选择第2张幻灯片，插入6张人物素材，使用"对齐"命令进行排版。

（2）选择【插入】选项卡中的"形状"命令插入"矩形"形状，参照效果PPT更改形状颜色，并运用同样的方法完成其他色条的绘制。

（3）参考效果PPT，为第2张幻灯片中的各元素添加进入型和退出型动画，通过调整"计时"功能区域的相关参数值完成擦除效果，保存演示文稿。

自由园地

制作"走动的时钟.pptx"，按要求完成如下操作：

（1）为时钟的指针添加合适的动画效果。

（2）思考设置各动画的参数值，完成走动的时钟效果，保存演示文稿。

案例6　为LOGO穿上色彩衣服——色彩借鉴练习

任务描述

生活中有很多优秀的标志（LOGO）设计作品，它们的创意、设计、颜色搭配以及能否准确地传达出企业品牌的信息都是重要的评价标准。如何才能为LOGO搭配出好看的颜色呢？今天我们就来练一练色彩搭配的第一招：色彩借鉴，让我们跟着操作步骤一起来试试为LOGO穿上色彩的衣服吧！

练习要点

- 提取借鉴颜色的RGB值
- 形状的填充和描边

操作步骤

（1）启动任意一款图像处理软件，例如Photoshop CS5，插入借鉴颜色的"LOGO"图片。单击软件左下角【工具栏】 中"设置前景色"命令，调出"拾色器（前景色）"对话框。

（2）将鼠标移动到图片上并单击鼠标吸取绿色，记录绿色RGB值（R：168，G207，B64），使用同样的方法得到褐色RGB值（R：96，G56，B20），如图5-6-1所示。

图 5 - 6 - 1

（3）启动 PowerPoint 2010，打开"色彩借鉴.pptx"，选择英文"E-mail"，选择
【开始】选项卡【字体】功能区域中的"字体颜色"——"其他颜色"——"自定义"
选项卡，并在相应的地方输入褐色的 RGB 值，如图 5 - 6 - 2 所示。

图 5 - 6 - 2

（4）运用同样的方法设置英文"locator"为绿色。

（5）单击文字左侧不规则图形，选择【格式】选项卡
【形状样式】功能区域中的"形状轮廓"下拉菜单，更改图
形的轮廓颜色褐色。

（6）按住"Ctrl"键选择图形中 5 个小圆，选择【格
式】选项卡【形状样式】功能区域中的"形状轮廓"下拉
菜单，改轮廓为"无轮廓"，在"形状填充"下拉菜单中改
颜色为绿色，如图 5 - 6 - 3 所示。

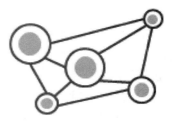

图 5 - 6 - 3

（7）右键单击幻灯片空白处弹出快捷菜单，选择"设置背景格式"命令，设置白色到褐色的渐变，设置"类型"为"射线"，方向为"中心辐射"，褐色的"透明度"为65%，如图5-6-4所示。

图5-6-4

（8）将效果图保存为"为LOGO穿上色彩的衣服.pptx"。

 项目训练

项目1

打开"母亲节海报.pptx"文件，按要求完成如下操作：

（1）在幻灯片空白处单击鼠标右键，选择"设置背景格式"命令，设置紫色（R：64，G0，B64）到黑色的渐变，设置"类型"为"线性"，"方向"为"线性向下"。

（2）设置标题文字"让妈妈开心的礼物，开了又开"为黑体，28号，白色，其余文字设置为黑体（正文），18号，白色，居中对齐，调整文字部分的位置。

（3）选择左侧iPad图片，双击图片调出"格式"选项卡，将"图片样式"设置为"映像右透视"，调整图片的位置和大小。利用同样的方法，设置右侧图片的"图片样式"为"映像圆角矩形"。

（4）选择【插入】选项卡【形状】下拉菜单，使用"直线"工具绘制出直线，设置线条"形状轮廓"颜色为白色，并添加发光效果。

（5）选择直线，单击鼠标右键弹出快捷菜单，选择"设置形状格式"命令，在"设置形状格式"对话框中，设置"线型"为0.25磅，"后端类型"为圆形箭头。

（6）使用同样的方法绘制出多条不规则的线条，并调整好他们的大小和位置，保存文件，最终效果如图5-6-5所示。

图 5－6－5

项目 2

新建 PPT，文件命名为“折纸效果 . pptx”，按要求完成如下操作：

（1）按照效果图，分析折纸由几个图形组成。

（2）插入“形状”，修改图形的形状，可以下载“拾色器”帮助修改图形填充色，注意深浅变化。

（3）调整形状位置和叠放次序，组合图形。

（4）保存文件，最终效果如图 5－6－6 所示。

图 5－6－6

自由园地

新建 PPT 文件，命名为“学术活动 . docx”，按要求完成如下操作：

（1）录入下面效果图中的文字，并参照图中显示格式效果，设置字体格式和段落格式。

（2）强调符号的样式、指引线条和颜色搭配可根据自己的喜好进行调整，颜色搭配需符合主题内容。保存文件，最终效果如图 5－6－7 所示。

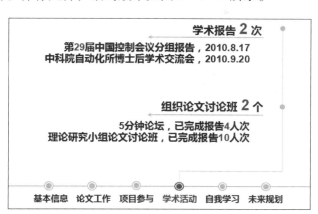

图 5－6－7

第六章 多媒体技术

案例1 制作一分钟手机铃声——音频剪辑

 任务描述

手机已经成为我们生活中必不可少的一部分，手机系统越来越强大，系统的可自定义性设置也越来越多，相应地体现自己个性的设置越来越多了，比如可以自己安装各种各样的软件，可以换各种各样的皮肤，等等，手机的来电铃声现在也是体现个性的一个重要标志。你想不想自己动手剪辑制作一个铃声呢？下面我就讲解一种比较快速简单的方法，剪辑一个 MP3 中的一段作为来电铃声。

 练习要点

● 裁剪音乐的方法

 操作步骤

（1）打开 gold wave 软件文件夹，找到开启文件"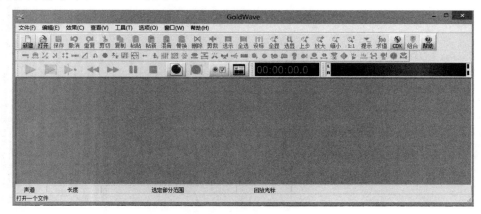"，双击打开进入软件首界面，如图 6-1-1 所示。

图 6-1-1

（2）选择【打开】菜单，选择你喜欢的音乐文件（可自己下载），这里我们选择 MP3 格式的音乐，如图 6－1－2 所示。

图 6－1－2

（3）选择需要的音乐文件"侃侃 － 滴答.mp3"，通过听取音乐，可以设置开始位置，看声音波形编辑区，初打开时被蓝色覆盖着，表示全选状态，用鼠标在任意处点击一下，可看到点击处左边的部分变成了黑色，这黑色部分是"为选中"部分，那么鼠标点击处就是开始点，要再选择一个结束点，可点击鼠标右键，从弹出的右键菜单中选择设置结束标记，代表该段被选中。

（4）例如音乐开始位置为 00：00：25.89229 秒，为了计算音乐刚好为 1 分钟可以选择标记按钮" 设标 "，点击出现"设置标记"单选框，在对应的结束时间处添加 1 分钟后的时间为 00：01：25.89229 秒，如图 6－1－3、图 6－1－4 所示。

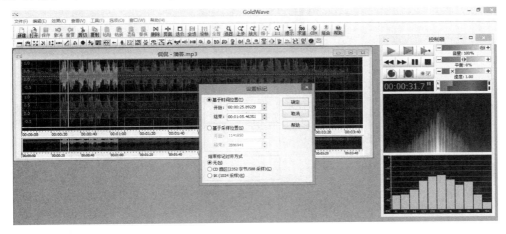

图 6－1－3

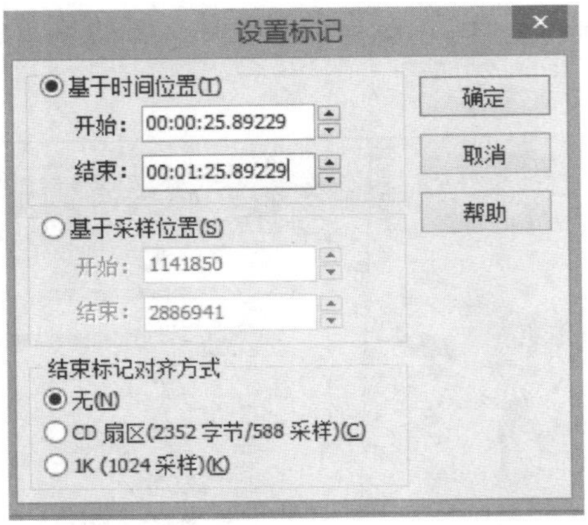

图 6 - 1 - 4

（5）设置好时间后，选择"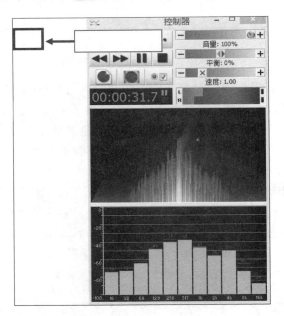"，可以听取截选部分的音乐，如图 6 - 1 - 5 所示。

图 6 - 1 - 5

（6）设置好后，选择菜单栏中的"剪裁"工具，表示将这 1 分钟以外的音乐剪去，这样 1 分钟的音乐就做好了，如图 6 - 1 - 6 所示。

图 6 - 1 - 6

（7）选择【文件】——"另存为"，设置文件的名称，保存。

项目训练

利用 goldwave 做伴奏，消除音乐人声，要求如下：

（1）启动 goldwave 软件，打开文件"WestLife – My Love. mp3"，注意音乐转换为声波的样子，红色和绿色表示有两个声道，这是立体声，如果只有红色或者只有绿色的声波，这说明你的这个音乐文件不能够消除人声，只有立体声才可以，如图 6 – 1 –7 所示。

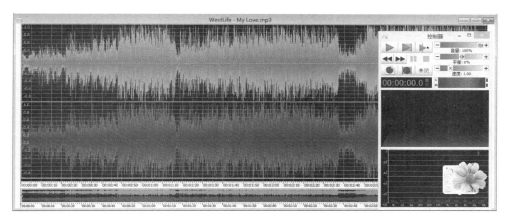

图 6 –1 –7

（2）选取要修改的声波以后，我们就要消除人声了，这里有两种消除人声的方法，一种是利用声道混合，另一种是消减人声，我们先使用声道混合，在菜单栏上执行：效果—立体声—声道混合器，如图 6 – 1 –8 所示。

图 6 –1 –8

205

（3）打开声道混合器以后，我们在调节左声道的左侧音量为100%，右侧音量为－100%，同样的道理调节右声道（原理：不管是左声道还是右声道都有共同的声音，通过让左右声道都减去共同的部分只剩下不同的部分，而不同的部分里没有人声，所以就消除了人声），点击"确定"按钮。

自由园地

打goldwave的软件，制作1分钟的录音配乐。

（1）通过软件录入你想说的一段话，要求1分钟。

（2）选择服务器中的任意一个音频文件，利用goldwave软件，将其时间长度剪切为1分钟。

（3）将音频文件和你说的话合成一段，文件命名为"12－音频制作.mp3"。

案例2　生活照大变样——图像处理

任务描述

随着科技的发展，用于处理图片的软件层出不穷，如Photoshop、CorelDRAW、Fireworks，这些软件的出现让数码照片的时代变得更有意义。那么，有没有一款软件是简单、易用，不需要任何专业的图像技术就可以进行人像美容、色彩调整、数码照片冲印整理的呢？下面让我们跟着步骤一起来尝试运用光影魔术手来让自己的生活照大变样吧！

练习要点

- 图像的旋转及裁剪
- 调整图像色调
- 添加多图边框

操作步骤

（1）打开光影魔术手软件文件夹中的"艺术照1""艺术照2"图片素材，在"艺术照1"中选择"旋转"菜单中的"向右旋转"命令，单击"裁剪"菜单，在编辑区按住鼠标左键拖动绘制出照片裁剪的范围，如图6－2－1所示。

（2）选择右侧栏中"自动美化""一键锐化"命令，调整"色阶"的值为"0，2.16，255"，单击"▨"保存

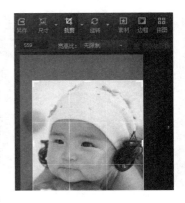

图6－2－1

操作并覆盖原图。

（3）单击"下一张"按钮选择下一张"艺术照2"素材图片，运用同样的方法对图片进行处理并保存。

（4）选择"边框"菜单下的"多图边框"命令，单击"＋添加图片"按钮添加之前保存的"艺术照1"素材图片，任意选择右侧栏中的边框模板，适当调整图片显示的区域，单击"确定"按钮，如图6-2-2所示。

图6-2-2

（5）选择"另存为"，设置文件的名称并保存文件。

 项 目 训 练

打开光影魔术手软件文件夹中的"1寸照"素材图片，按要求完成如下操作：

（1）单击"裁剪"菜单，适当的裁剪人物近照效果，选择"裁剪"菜单中的"按标准1寸/1 R裁剪"命令修改照片尺寸大小。

（2）单击"抠图"菜单中的"色度抠图"命令，调整"容差"值为7，通过吸管多次单击背景灰色部分，选择"替换背景"为蓝色。

（3）选择"排版"菜单中的"8张1寸照-5寸/3 R相纸"命令。

（4）选择"另存为"，设置文件的名称，并保存文件。最终效果如图6-2-3所示。

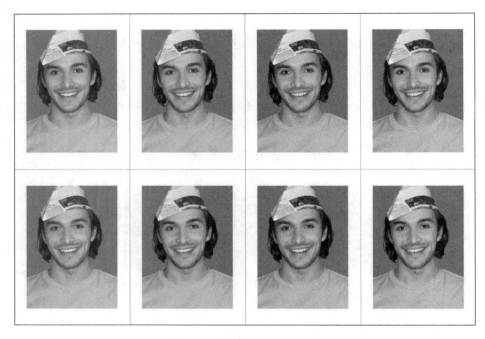

图 6 - 2 - 3

自由园地

打开光影魔术手软件文件夹中的"洒红节"素材图片，按要求完成如下操作：

（1）选择"基本调整"中的"清晰度"选项，调整清晰度为较低值，产生模糊效果。

（2）添加"人物"水印，参考效果图调整水印的参数。

（3）选择"另存为"，设置文件的名称并保存。最终效果如图 6 - 2 - 4 所示。

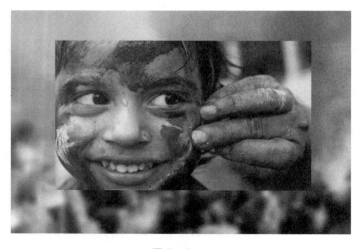

图 6 - 2 - 4

案例3　双节棍社团宣传片——视频剪辑

 任务描述

目前，同学们上网都会经常看到很多精彩的视频，而且有些作品在网上蹿红了。我们可以自己制作自己的视频作品吗？答案是肯定的。Windows Live 可以帮助我们达到目标。Windows Live 影音制作可以将照片和视频快速制作成流畅的电影、视频作品，能够添加特殊效果、过渡特技、声音和字幕等。

 练习要点

- 制订视频节目制作计划
- 整理素材
- 编辑视频
- 设置纵横比
- 添加片头、字幕和片尾
- 添加动画效果/音乐
- 发布视频

 操作步骤

一般来说，视频节目制作的过程，包括把原始素材镜头编织成视频节目所必需的全部工作过程。

（1）制订视频节目制作计划。先确定视频节目制作计划，如表6－3－1所示。

表6－3－1　视频节目制作计划

序　号	关 键 步 骤	具 体 计 划
1	确定视频主题	制作双节棍社团的宣传视频
2	规划视频内容	选用从数码相机和数码摄像机中获取的数码照片和视频，以及从网上下载经过加工处理的视频作为要制作的视频的主要内容； 选用图片"双节棍社团.jpg"图片作为视频的开头； 为视频制作片尾； 在视频中添加背景音乐
3	制作视频	整理素材→设置纵横比→编辑视频→添加片头、字幕和片尾→添加动画效果→添加音乐→发布视频

（2）整理素材。所谓素材指的是通过各种手段得到的未经过编辑（或者称剪辑）的视频和音频文件，它们都是数字化的文件。制作视频节目时，将摄像机中拍摄到的包含声音和画面图像的输入计算机，转换成数字化文件后再进行加工处理得到可使用的文件，或者上网下载的图片和视频文件分类整理以供视频节目制作使用。

（3）设置纵横比。Windows Live 影音制作提供了"标准（4∶3）"和"宽屏幕（16∶9）"两种视频画面纵横比。点击"查看"选项卡，选择"宽屏幕"，如图 6 - 3 - 1 所示。

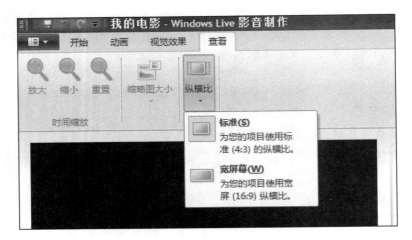

图 6 - 3 - 1

点击菜单栏中"保存项目"将本项目保存为"双节棍社团宣传片"，如图 6 - 3 - 2 所示。

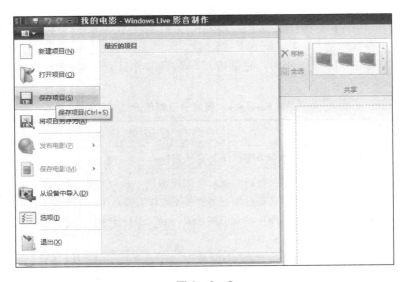

图 6 - 3 - 2

（4）编辑视频。

a．添加视频。在"开始"选项卡"添加"功能区中单击"添加视频和照片"按钮，添加所需的视频文件。将视频文件添加到项目中，可拖动滑块放大时间刻度以方便编辑，如图6－3－3所示。

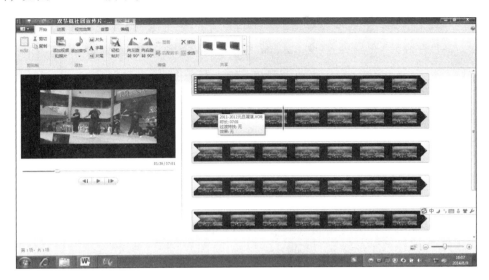

图6－3－3

b．剪裁视频。首先仔细观看视频，确定要选用或者删除的范围，拖动播放指示器到拆分起始点12S的地方，可以单击"上一帧"或者"下一帧"按钮精确定位到视频中的任一帧，也可以拖动左边滑块定位时间点。在"编辑"选项卡"编辑"功能区中单击"拆分"按钮，将视频拆分成为两部分。选择第1段视频，在鼠标右键快捷键菜单中选择"移除"命令，拖动右下角滑块可放大缩小时间刻度。如图6－3－4、图6－3－5所示。

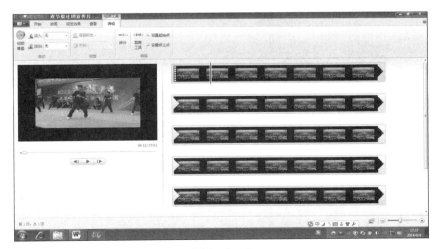

图6－3－4

计算机应用基础实训教程（第二版）

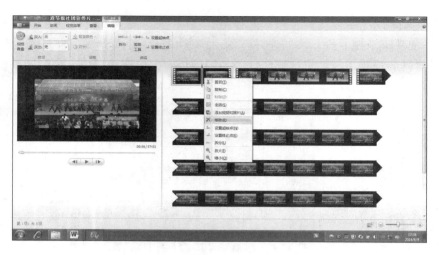

图 6 - 3 - 5

在"编辑"选项卡"编辑"功能区中单击"剪裁工具"按钮；设置起始点为344.82S，终止点为394.23S（如图6-3-7红色椭圆所示）；在"剪裁"选项卡中"剪裁"功能区中单击"保存剪裁"。如图6-3-6、图6-3-7所示。

图 6 - 3 - 6

图 6 - 3 - 7

用上述同样的方法剪裁视频的其余部分。

c. 在视频中添加照片。参照添加视频的方法，将在整理的素材中选择几张照片添加到项目的开头位置，添加后的效果如图6-3-8所示。

图6-3-8

（5）添加片头、字幕、和片尾。

a. 添加片头。通过"开始"选项卡"添加"功能区的"片头"按钮，可以在视频中自动添加播放时间为5秒，以黑色为背景的片头，将图像文件"双节棍社团.jpg"作为背景图片，将该图片添加到视频开头位置。

b. 添加字幕。在"开始"选项卡"添加"功能区中单击"字幕"按钮，为片头添加字幕"疾风棍社"；在"格式"选项卡"字体"功能区中设置字体为"华文行楷"，字号为90，加粗，颜色为"黄色"；在"效果"功能区中选择字幕效果为"旋转放大"。如图6-3-9所示。

图6-3-9

c. 添加片尾。在"开始"选项卡"添加"功能区中单击"片尾"按钮，在文本框中输入片尾文字；在"格式"选项卡"字体"功能区中设置字体格式；拖动文本框至合适的大小和位置，调整时间为合适的长度。添加片尾可以添加空白片尾，也可以添加包含导演、演员或者地点信息的片尾。采用添加空白片尾的方式，为视频添加片尾，如图 6 - 3 - 10 所示。

图 6 - 3 - 10

经过以上操作，整个项目由 11 段视频构成，第 1 段是片头，第 2 ~ 6 段是导入的数码照片，第 7 ~ 10 段是从数码摄像机或者网上下载的视频，第 11 段是片尾。

（6）添加动画效果。通过以上步骤对视频的编辑加工，整个视频由若干段视频组成，为了避免每段视频之间的切换过于生硬，需要在每段视频之间添加动画效果。拖动播放指示器到一段视频的开头，在"动画"选项卡"过渡特技"功能区中选择效果。如图 6 - 3 - 11 所示。

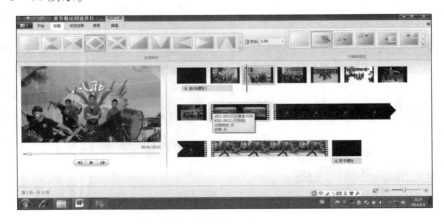

图 6 - 3 - 11

用相同的方法在项目中需要添加动画效果的位置添加合适的动画效果以及视觉效果。

（7）添加音乐。

a. 添加背景音乐。在"开始"选项卡"添加"功能区中单击"添加音乐"按钮，选择"添加音乐"，添加所需的音频文件。如图6－3－12所示。添加背景音乐后，整个视频的播放过程中都会同步播放背景音乐。

图6－3－12

b. 为特定一段视频添加音乐。拖动播放指示器到第10段视频的开头，在"开始"选项卡"添加"功能区中单击"添加音乐"按钮，选择"在当前点添加音乐"，添加所需的音频文件。如图6－3－13所示。

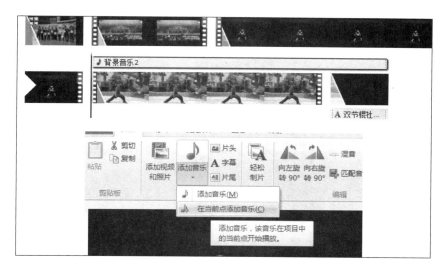

图6－3－13

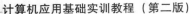
（8）导出视频。视频制作完成后，通过视频预览窗格预览整个视频，确认无误后，在"开始"选项卡"共享"功能区中单击要保存电影的规格"标准清晰度"，开始生成电影。如图 6 – 3 – 14 所示。

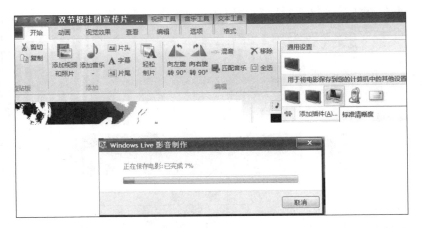

图 6 – 3 – 14

 项目训练

运用 Windows Live 去除视频的原有背景音乐，并输出视频。要求如下：

（1）根据前面学过的添加视频方法将视频"【疾风棍道】2012 年纪念视频"导入到 Windows Live 软件中。如图 6 – 3 – 15 所示。

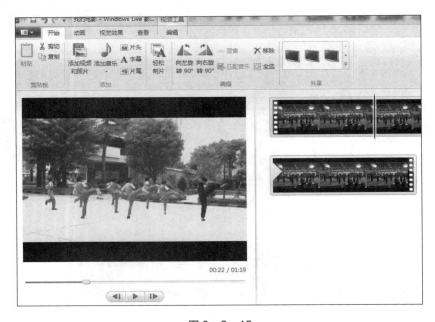

图 6 – 3 – 15

（2）选择菜单栏中"编辑"选项卡，点击"视频音量"，然后将滑动杆推拉到最左端。如图 6 – 3 – 16。

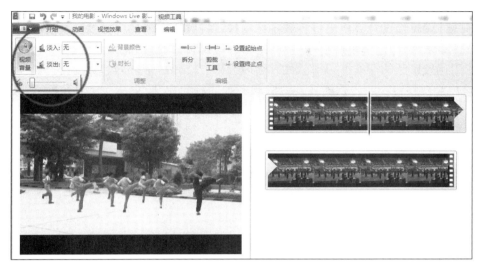

图 6 – 3 – 16

（3）选择"保存电影"为"高清晰度 720P"。如图 6 – 3 – 17 所示。

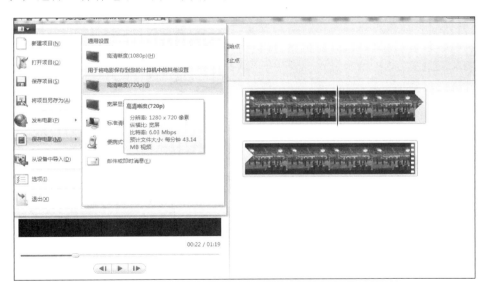

图 6 – 3 – 17

自由园地

学习并根据要求完成下面内容：

（1）非线性编辑。传统线性视频编辑是按照信息记录顺序，从磁带中重放视频数据来进行编辑的。其特效与字母均需借助专门的设备来实现，如特技发生器、字幕机等。

非线性编辑借助计算机来进行数字化制作，视频一次采集后可以多次使用，不必反复进行视频采集操作。现在绝大多数的电视、电影制作机构都采用了非线性编辑系统。目前使用比较广泛的非线性编辑软件有会声会影、edius、premier、大洋等。

（2）音视频转换。音频和视频的格式多种多样，出于网络的传输、方便播放和编辑等目的，有时需要将格式进行转换。"暴风转码"和"格式工厂"是目前比较流行的一款免费的专业音视频转换工具，可以实现流行音视频格式文件的格式转换。

将素材中视频文件"2011—2012元旦展演.VOB"转换为WMV视频格式。